中等职业教育计算机专业系列教材

JISUANJI
ZUZHUANG YU WEIHU

计算机组装与维护

第三版

■ 主 编 熊 涛
■ 编 者 吴定宇 李俊松
　　　　　赖雍兵 吴仁桂

ZHONGDENG ZHIYE JIAOYU
JISUANJI ZHUANYE XILIE JIAOCAI

重庆大学出版社

内容提要

本书以配置计算机到使用维护计算机为线索,创设计算机的配置、组装、检测和维护4个场景,4个场景也即相关的4个岗位。每个场景由若干个模块组成,每个模块分成相关的任务,任务下设计若干学生活动。全书主要内容包括计算机组成基础,计算机各组件的组成、性能指标和选购等硬件常识,计算机硬件组装,BIOS及常用设置,安装操作系统,应用软件的安装与卸载,计算机硬件系统的测试,计算机硬件维护,计算机常见故障的处理,软件系统的维护等。

本书适用于中等职业教育计算机专业及计算机相关专业学生,也适用于计算机硬件相关知识的各类培训班和爱好计算机硬件组装的人员。

图书在版编目(CIP)数据

计算机组装与维护 / 熊涛主编. --3版. --重庆:
重庆大学出版社,2022.8
中等职业教育计算机专业系列教材
ISBN 978-7-5624-9916-9

Ⅰ.①计… Ⅱ.①熊… Ⅲ.①电子计算机—组装—中
等专业学校—教材②计算机维护—中等专业学校—教材
Ⅳ.①TP30

中国版本图书馆 CIP 数据核字(2021)第 183773 号

中等职业教育计算机专业系列教材
计算机组装与维护
第三版
主 编 熊 涛
责任编辑:王海琼 版式设计:莫 西
责任校对:谢 芳 责任印制:赵 晟
*
重庆大学出版社出版发行
出版人:饶帮华
社址:重庆市沙坪坝区大学城西路21号
邮编:401331
电话:(023)88617190 88617185(中小学)
传真:(023)88617186 88617166
网址:http://www.cqup.com.cn
邮箱:fxk@cqup.com.cn(营销中心)
全国新华书店经销
重庆华数印务有限公司印刷
*
开本:787mm×1092mm 1/16 印张:15.5 字数:314千
2011年8月第1版 2022年8月第3版 2022年8月第12次印刷
ISBN 978-7-5624-9916-9 定价:48.00元

现代社会科学技术高速发展,计算机的普及率越来越高,其软硬件更新换代的频率也越来越高。计算机组装和维护是计算机应用过程中的重要环节,涉及工作和生活的各个领域,中职学校的"计算机组装与维护"课程是中等职业学校计算机类专业的一门实践性很强的专业课程。同时,计算机组装与维护也是该专业类学生应当掌握的一项重要职业技能。

本书作为中等职业学校的教学用书,力求贯彻"以促进就业和适应产业发展需求为导向,以立德树人、德技并修为育人要求,着力培养高素质劳动者和技术技能人才为目标"的职业教育理念。在内容选择和体系结构上本着"两个结合":一是结合中等职业学校学生的实际;二是结合学生就业岗位的实际。这样可以最大限度地保障教材内容的可读性和实用性,为中职学生在相关专业的学习中提供有效的服务。

本书是一本实践性很强的教材,因为计算机硬件更新速度很快,上一版所涉及的硬件已经不适应当前的实际运用,为此,本次修订在内容上进行了大规模的改动。但在内容组织上仍然以配置计算机到使用维护计算机为线索,创设计算机的配置、组装、检测和维护 4 个场景,4 个场景也即相关的 4 个岗位。每个场景由若干模块组成,每个模块分成相关的任务,任务下设计若干学生活动。全书通过这种方式来展示本课程的知识和技能,使学生在 4 个场景中学习知识和技能时能联系实际从业场景,真切地认识到当前所学的知识和技能在岗位上的意义和作用。避免了以往教材孤立讲解知识和技能,学生学习完后不知学有何用,何时用,怎么用的教学与实践脱节的现象。教材编写前,编者曾对相关行业进行了深入的调查,确立了教材中的知识和技能,从而能保障教材的实用性和时效性。在教材中,读者还能学习到计算机售前服务、软硬件装配、售后服务等实际岗位的工作内容,这一点对中职学生就业极具现实意义。

根据需要,教材中设计有"友情提示""聚沙成塔""相关知识""做一做""思考与练习"等小板块。编者希望通过这些灵活的板块设计,一方面增添教材版面的活泼性;另一方面便于教师根据学生和教学场地实际情况有效地开展教学。

JISUANJI ZUZHUANG
YU WEIHU

QIANYAN

前言

本书配有教案、电子课件、视频、实训指导书等数字化教学资源,结合在线教学平台,可以将纸质内容和数字化教学资源融合成立体化教学资源。

本书由熊涛任主编,模块一、模块七由熊涛编写,模块二由熊涛和赖雍兵共同编写,模块三至模块五由李俊松编写,模块六由熊涛与李俊松共同编写,模块八由吴定宇编写,模块九由吴仁桂编写。

本书的修订承蒙重庆市教育科学院职成教所胡彦所长、重庆市计算机专业中心教研组,重庆大学出版社章可、王海琼老师的大力支持,对本书的修改提供了许多宝贵意见和建议,在此编者表示感谢。

鉴于计算机硬件发展很快,书中难免会有不足之处,敬请批评指正,以便重印时修改。谢谢!

编　者

2022 年 1 月

制订计算机配置计划

小王是一名计算机专业的新生,他计划购置一台新的计算机,一方面能让自己更好地学习计算机专业知识;另一方面也能在学习之余用于娱乐。他带着自己的购机需求来到电脑城内一家大型的配置兼容计算机的销售商店,该店的销售顾问小张接待了他,听取了小王的应用要求后,很快制订出了一个恰当的装机配置方案。在完成本部分的学习后,你也能像小张一样成为一个出色的兼容机销售顾问。

本部分内容包括:

● 认识计算机的组成

● 制订计算机配置方案

模块一 / 认识计算机的组成

计算机组成的基础知识是一名计算机销售顾问必须具备的知识素养。它是制订一份计算机硬件配置计划的理论基础，有了它才能保证配置计划的科学性，解释顾客提出的疑问，让顾客对你的配置计划充满信心。

学习完本模块后，你将能够：

+ 认识计算机系统的组成；

+ 了解计算机的工作原理。

NO.1

[任务一]

认识计算机的组成

通过本任务的学习,要求你:

- 正确描述计算机系统的软硬件组成;
- 辨认和识别计算机的各种软硬件。

一、认识计算机硬件系统的组成

请观察下表中计算机的各个部件,一起来认识计算机硬件系统的组成部件。

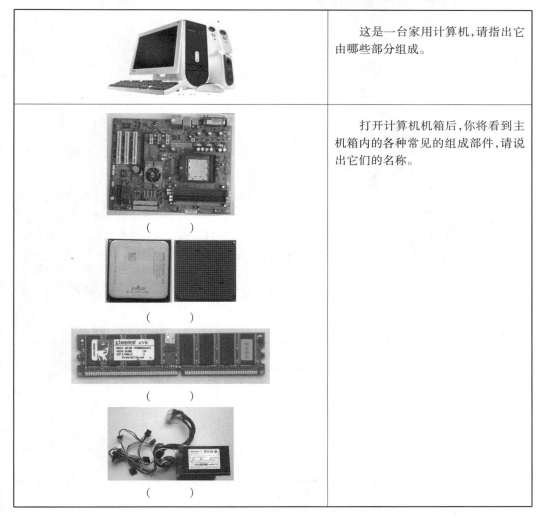

	这是一台家用计算机,请指出它由哪些部分组成。
( ) ( ) ( ) ( )	打开计算机机箱后,你将看到主机箱内的各种常见的组成部件,请说出它们的名称。

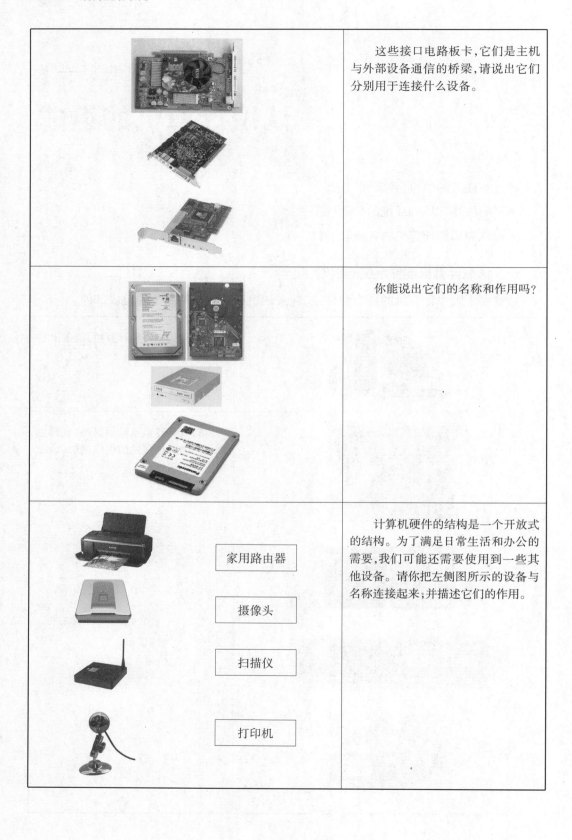

这些接口电路板卡,它们是主机与外部设备通信的桥梁,请说出它们分别用于连接什么设备。

你能说出它们的名称和作用吗?

家用路由器

摄像头

扫描仪

打印机

计算机硬件的结构是一个开放式的结构。为了满足日常生活和办公的需要,我们可能还需要使用到一些其他设备。请你把左侧图所示的设备与名称连接起来;并描述它们的作用。

做一做

JISUANJI ZUZHUANG
YU WEIHU
ZUOYIZUO

①你认为一台计算机最基本的配置需要有哪些部件?

②多媒体计算机是一种什么样的计算机? 一台基本配置的计算机添加上哪些部件可升级为多媒体计算机?

相关知识

JISUANJI ZUZHUANG
YU WEIHU
XIANGGUANZHISHI

计算机硬件系统是由一些看得见、摸得着的物理设备组成,它们是计算机的物质基础,是一个开放式的、模块化的结构。 计算机硬件系统分为主机和外设两大部分,各自包含的组件如下:

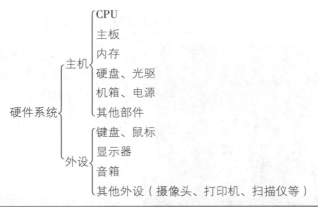

- CPU 是计算机的核心部件,主要完成数据的运算处理。
- 主板是计算机其他部件的安装基础,是计算机中最大的电路板。
- 内存是临时存储数据的部件,也称为主存。
- 硬盘和光驱是计算机的辅助存储设备,也称为外存。
- 电源和机箱为计算机提供能源和保护。
- 其他部件包括显卡、声卡、网卡等功能接口电路。
- 键盘是计算机的标准输入设备。
- 鼠标是计算机图形化操作系统(Windows)下的必备输入设备。

- 显示器是计算机主要的标准输出设备。
- 音箱的作用是输出声音。
- 其他外设还包括打印机、扫描仪、家用路由器、摄像头。

一台计算机最基本的硬件配置应包括 CPU、主板、内存、硬盘、机箱、电源、键盘和显示器。

相关知识 JISUANJI ZUZHUANG YU WEIHU / XIANGGUANZHISHI

多媒体是文字、图形、图像、音视频等多种媒体融合处理后形成的新媒体。 多媒体计算机是能够对声音、图像、视频等多媒体信息进行综合处理的计算机，其主要功能是把音频视频、图形图像和计算机交互式控制结合起来，进行综合的处理。 多媒体计算机一般指多媒体个人计算机，简称 MPC。 在计算机基本配置的基础上添加声卡、音箱，就成了一台最基本的多媒体计算机。 随着多媒体计算机应用越来越广泛，在办公自动化领域、计算机辅助工作、多媒体开发、物联网、VR（虚拟现实）、AR（增强现实）教育宣传和家庭娱乐等领域发挥了重要作用。

二、认识计算机的软件系统

请你观察计算机启动的完整过程，一起来认识计算机的软件系统。

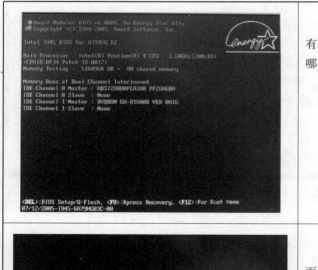

这是开机时首先看到的界面，此时有程序在运行吗？计算机向用户提供了哪些主要信息？

这是 Windows 10 操作系统的欢迎界面，它是最基本的系统软件。

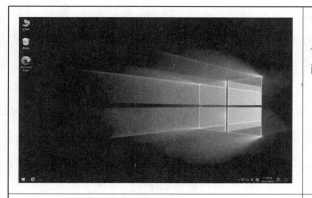

这是 Windows 10 为用户提供的图形化操作界面,使用什么设备可以在此界面中方便地操作和管理计算机?

这是办公自动化中的 Word 文字处理软件,这种为某项应用服务的软件称为应用软件。你还知道哪些应用软件?

做一做　JISUANJI ZUZHUANG YU WEIHU ZUOYIZUO

①软件系统又分为：_____ 和_____两类。

②请谈谈你都知道哪些软件？ 请分类说明。

系统软件：_____

应用软件：_____

相关知识　JISUANJI ZUZHUANG YU WEIHU XIANGGUANZHISHI

　　软件是一系列按照特定顺序组织的计算机数据和指令的集合。 软件并不只是包括可以在计算机上运行的计算机程序,与这些程序相关的文档一般也被认为是软件的一部分。简单地说,软件就是程序加文档的集合体。

　　软件系统分为系统软件和应用软件两类。

　　应用软件是专门为某一应用目的而编制的软件,较常见的有文字处理软件(Word、

WPS 文字等）、信息管理软件（工资管理软件、人事管理软件等）、辅助设计软件（AutoCAD 等）、实时控制软件（用于随时搜集生产装置、飞行器等的运行状态信息的软件等）、音视频处理软件（千千音乐、暴风影音等）、娱乐软件等。

在日常生活中，我们使用得最多的是各种应用软件，它们虽然完成的工作各不相同，但它们都需要一些共同的基础操作。例如都要从输入设备取得数据，向输出设备送出数据，向外存写数据，从外存读数据，对数据的常规管理，等等。这些基础工作也要由一系列指令来完成。人们把这些指令集中组织在一起，形成专门的软件，用来支持应用软件的运行，这种软件称为系统软件。系统软件也对硬件进行管理，使在一台计算机上同时或先后运行的不同应用软件有条不紊地合理利用硬件设备。系统软件包括操作系统（DOS，Windows，UNIX，OS/2 等）、数据库管理系统（FoxPro，DB-2，Access，SQL-Server）、编译软件（VB，C++，JAVA 等）。

相关知识 JISUANJI ZUZHUANG YU WEIHU XIANGGUANZHISHI 🔍

计算机软件系统的启动过程：计算机开机后首先运行主板上的 BIOS 程序，通过它完成对各部件的自检，并将自检信息告知用户。 自检信息包括显卡型号、显存大小、内存大小、硬盘光驱型号等。 自检完毕后，将控制权移交给操作系统，计算机开始读取操作系统数据，并引导进入操作系统的图形化界面。

友情提示 JISUANJI ZUZHUANG YU WEIHU YOUQINGTISHI 🔍

● 硬件和软件的关系：硬件与软件是相辅相成的，硬件是计算机存在并发挥作用的物质基础，软件是指挥计算机硬件工作的指令和程序。 没有硬件就无所谓计算机；软件是计算机的灵魂，没有软件，计算机的存在就毫无价值。 硬件系统的发展给软件系统提供了良好的开发环境，而软件系统的发展又给硬件系统提出了新的要求。

● 每台计算机如何装配：完全可以根据使用者的要求和预算经费进行选购。 在选购每一个具体的基本部件时，认识计算机的部件，了解各部件的功能，学会一些简单的识别方法，对今后的工作和学习都具有十分重要的作用。 后面章节我们将对以上设备逐一进行认识。

● 显卡、网卡、声卡等接口电路都可集成在主板上，使用集成主板就不再需要选购独立的功能板卡了。

聚沙成塔　　JISUANJI ZUZHUANG YU WEIHU JUSHACHENGTA

- 计算机系统的组成

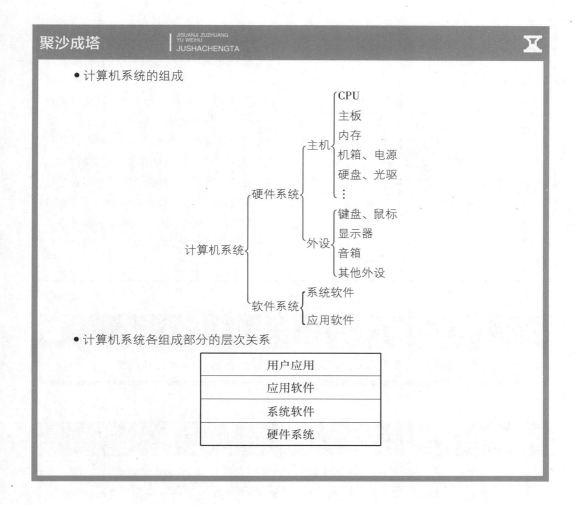

- 计算机系统各组成部分的层次关系

用户应用
应用软件
系统软件
硬件系统

NO.2

[任务二]

认识计算机的工作原理

通过本任务的学习,要求你:

- 正确描述计算机的工作原理;
- 了解计算机各类硬件在计算机工作中所起的作用。

通过阅读以下文字和图示资料,理解计算机的简单工作原理,并回答提出的有关问题。

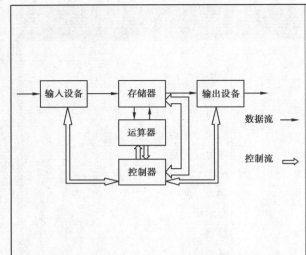

计算机首先由输入设备接受外界信息（程序和数据），控制器发出指令将数据送入存储器，然后向存储器发出取指令命令。在取指令命令下，程序指令逐条送入控制器。控制器对指令进行译码，并根据指令的操作要求，向存储器和运算器发出存数、取数命令和运算命令，经过运算器计算并把计算结果存在存储器内。最后在控制器发出的取数和输出命令的作用下，通过输出设备输出计算结果，如左图所示。

做一做 JISUANJI ZUZHUANG YU WEIHU ZUOYIZUO

认真观察计算机的工作原理图，请你依照图示简单描述计算机的工作原理。

相关知识 JISUANJI ZUZHUANG YU WEIHU XIANGGUANZHISHI

冯·诺依曼——计算机之父

冯·诺依曼，著名美籍匈牙利数学家，是计算机科学的创始人之一。从 ENIAC 到当前最先进的计算机都采用的是冯·诺依曼体系结构。其基本设计思想就是存储程序和程序控制原理。存储程序的概念是将解题程序（连同必需的原始数据）当成数据预先存入存储器；程序控制是指控制器依据存储的程序控制全机自动、协调地完成解题任务。

冯·诺依曼原理具有以下特点：①采用二进制形式表示数据和指令；②采用存储程序方式；③由运算器、存储器、控制器、输入设备和输出设备五大部件组成计算机系统，并规定了这 5 部分的基本功能。

做一做 JISUANJI ZUZHUANG YU WEIHU ZUOYIZUO

阅读冯·诺依曼的资料后，说说冯·诺依曼提出了哪些计算机原理。

友情提示 JISUANJI ZUZHUANG YU WEIHU YOUQINGTISHI

随着计算机生产技术的提高,现在微型计算机的性能已快速提升,微型计算机的性能已经具有原来小型计算机的功能,甚至有的已经接近早期大型计算机和中型计算机的功能。 从用途上来看,计算机又分为通用计算机和专用计算机。 专用计算机主要用在一些工业控制和工程专业处理上。 从一般 PC 用户选购计算机的角度上,有实际意义的分类方法是把计算机分为品牌计算机和兼容计算机两类。

▶ 思考与练习

一、填空题

(1)计算机系统由_____、_____两部分组成。操作系统属于_____。

(2)计算机主机箱内的硬件有_____、_____、_____、_____、_____、_____、_____、_____。

二、选择题

(1)冯·诺依曼计算机的工作原理的基本内容包括( )。

　　A.二进制原理　　　　　　　　B.程序存储原理

　　C.顺序控制原理　　　　　　　D.循环原理

(2)目前我们所说的个人台式商用机属于( )。

　　A.巨型机　　　　　　　　　　B.中型机

　　C.小型机　　　　　　　　　　D.微型机

(3)CPU 主要包括( )。

　　A.控制器

　　B.控制器、运算器、cache

　　C.运算器和主存

　　D.控制器、ALU 和主存

(4)下列属于应用软件的是( )。

　　A.操作系统　　　　　　　　　B. 编译系统

　　C. 连接程序　　　　　　　　　D.文本处理

▶上机实验

在计算机硬件实验室中完成以下实验：

（1）观察计算机的外观并启动计算机，把看到的软硬件记录到下表中。

设备名称	所属类别（软硬件）	规格型号

（2）打开主机箱盖,观察主机内的组成部件并记录到下表中。

设备名称	规格型号	相连设备
例:硬盘	希捷(Seagate)1TB	主板、电源

▶实训项目

岗位演练:作为一名计算机销售人员,为了能让客户认可你以及你所在公司的专业水平,应如何向客户传达这些信息。请写下来并在班里模拟展示。

模块二 / 制订计算机配置方案

要想成为一名出色的计算机销售人员、装机人员或维护人员，必须掌握计算机的各种组成部分以及它们的基本结构、功能特点、性能参数。当具备这些知识后，才能够为用户科学合理地选择各种组成部件，为正确装机和分析判断计算机故障打下理论基础。

学习完本模块后，你将能够：
+ 熟悉计算机的主要组件；
+ 描述各组件的功能、组成、生产厂商和主要性能指标；
+ 完成各组件的选购。

[任务一]

考察 CPU 的主流产品

在计算机的各种组成部件中,最核心的部件是 CPU。它负责处理、运算计算机内部的所有数据,其重要性好比人的大脑。另外,从计算机整机配置来看,确定了 CPU,也就确定了计算机的硬件平台和相应的软件平台。

通过本任务的学习,要求你:

- 正确描述 CPU 的主流生产厂家;
- 描述各厂家的产品系列;
- 描述 CPU 的标志。

拿到一枚 CPU,我们首先看到的是它的外观和标志,外观标志了 CPU 的品牌,每一个标志都有具体的含义。

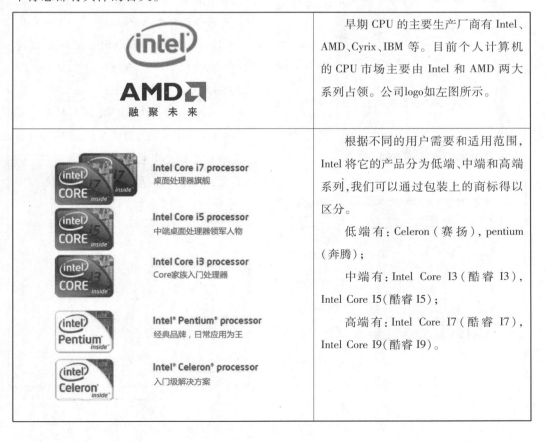

(intel) AMD 融聚未来	早期 CPU 的主要生产厂商有 Intel、AMD、Cyrix、IBM 等。目前个人计算机的 CPU 市场主要由 Intel 和 AMD 两大系列占领。公司logo如左图所示。
Intel Core i7 processor 桌面处理器旗舰 Intel Core i5 processor 中端桌面处理器领军人物 Intel Core i3 processor Core家族入门处理器 Intel® Pentium® processor 经典品牌,日常应用为王 Intel® Celeron® processor 入门级解决方案	根据不同的用户需要和适用范围,Intel 将它的产品分为低端、中端和高端系列,我们可以通过包装上的商标得以区分。 低端有:Celeron(赛扬),pentium(奔腾); 中端有:Intel Core I3(酷睿 I3),Intel Core I5(酷睿 I5); 高端有:Intel Core I7(酷睿 I7),Intel Core I9(酷睿 I9)。

AMD 公司也将旗下的 CPU 产品根据不同用户分为 2 个层次系列。

低端有：Athlon（速龙）。

高端有：Ryzen（锐龙）。

CPU 的技术发展迅速，产品的型号，高、中、低系列定位变化很快，请根据市场信息了解 CPU 的型号系列。

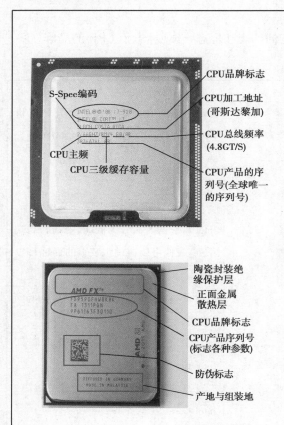

打开包装就能看见 CPU 的正面封装以及封装上的激光标志。左图分别是 Intel 和 AMD 的两款 CPU 外观图。

通过 CPU 的品牌标志可以了解到 CPU 的制造商，如 Intel 和 AMD。还可以知道 CPU 的类型和型号，如 i7-920 和 Athlon 64 3000+。

通过 AMD CPU 的产品序列号和 Intel CPU 的 S-Spec 编码可以了解到 CPU 的一些详细参数，如 CPU 的主频、缓存容量、总线、制造工艺、接口类型、工作电压、功耗、CPU ID 等重要的参数。

相关知识
JISUANJI ZUZHUANG
YU WEIHU
XIANGGUANZHISHI

神秘的 S-Spec 编码：

如上图所示的 Intel i7 CPU 金属封装表面上有"SLBCH COSTA RICA"的字符，而"SLBCH"就是 Intel 的 S-Spec 编码，这是 Intel 为了方便用户查询其 CPU 产品所制订的一组编码，此编码通常包含了 CPU 的主频、二级缓存、前端总线、制造工艺、核心步进、工作电压、耐温极限、CPU ID 等重要的参数，且 CPU 和 S-Spec 编码是一一对应的关系。 对于大多数人而言，S-Spec 的含义无法直接看出来，也没有必要深入地研究各字符所代表的参数规格，但它是选择 Intel 处理器的最有用工具，到 Intel 的官方网站上查询此编码，可获得 CPU 的重要参数，以便于我们对 CPU 的选购和真假识别。

做一做
JISUANJI ZUZHUANG
YU WEIHU
ZUOYIZUO

①请你根据电脑市场、上网查阅或老师提供的资料，看看 Intel 和 AMD 现阶段产品各有哪些系列？ 在每个系列产品中各选一种，记录在下表中。

	Intel			AMD		
	高端	中端	低端	高端	中端	低端
台式机						

②填表后（记录的时候注意观察包装盒上的参数），请比较高、低端 CPU 的差异在哪些方面？ 请列举出来。

[任务二]

NO.2

认识 CPU 的功能和组成

通过本任务的学习,要求你:

- 描述 CPU 的功能;
- 了解 CPU 的组成;
- 初识 CPU 的基本知识。

一、CPU 的功能

CPU 是计算机硬件中最主要的部件之一,主要实现运算和控制功能,它的工作速度直接影响到计算机的整体运行性能,具有如下 4 方面的基本功能:

- 指令控制:程序的顺序控制。
- 操作控制:CPU 管理并产生由内存取出的每条指令的操作信号,把各种操作信号送往相应的部件,控制部件工作。
- 时间控制:对各种操作实施时间上的控制。
- 数据加工:对数据进行算术运算和逻辑运算。

二、CPU 的组成

使用计算机解决某个问题时,首先必须根据问题为计算机编写程序。程序明确告诉计算机应该执行什么操作,在什么地方找到用来操作的数据。一旦把程序装入内存储器,就可以由计算机来自动完成取出指令和执行指令的任务,专门用来完成此项工作的计算机部件就是 CPU。

下面将从逻辑结构和物理结构两方面来介绍 CPU 的组成。

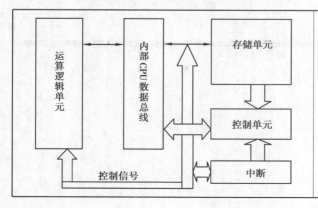

从逻辑功能结构来看,CPU 内部由控制单元、逻辑单元和存储单元等部分组成,如左图所示。

基板

核心

针脚

从物理结构组成上来看,CPU 结构分为内核、基板、填充物、封装以及接口 5 部分,如左图所示。

相关知识　JISUANJI ZUZHUANG YU WEIHU XIANGGUANZHISHI

CPU 经过多年的发展,其物理结构也经过许多变化,现在的 CPU 基本由以下 5 部分构成:

• 内核:CPU 中间的矩形部分就是 CPU 的内核,它是由单晶硅做成的芯片和 10 亿计的晶体管构成,它负责一切计算、接受/存储命令、处理数据。

• 基板:CPU 基板就是承载 CPU 内核用的电路板,它担任内核芯片和外界的一切通信,并决定这一颗芯片的时钟频率。

• 填充物:CPU 内核和 CPU 基板之间常常还有填充物,填充物的作用是用来缓解来自散热器的压力以及固定芯片和电路基板。

• 接口:CPU 是通过接口完成与主板的连接,它的接口有针脚式、引脚式、卡式、触点式等。

• 封装:是将制作好的 CPU 硅片切割成用于单个 CPU 的硅模并置入封装中。"封装"是给 CPU 穿上外衣,将 CPU 的各组成部件组合在一起,并承担其保护作用。

NO.3

[任务三]

微课

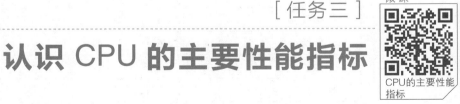

CPU的主要性能指标

认识 CPU 的主要性能指标

通过本任务的学习,要求你:

• 掌握 CPU 的主要性能指标及含义;

• 了解 CPU 参数表,为 CPU 选购奠定基础。

观察下表中的 CPU 参数和相关文字。

表 2.1　Intel i7 980X 参数

型　号	Core i7 980X Extreme Edition
适用类型	台式机
接口类型	LGA 1366(点触式)
核心类型	Gulftown(六核心)
生产工艺	32 nm
主频	3.33 GHz(最高睿频加速 3.6 GHz)
外频	133 MHz
倍频	25X
一级缓存	L1 = 6×64 kB
二级缓存	L2 = 6×256 kB
三级缓存	L3 = 12 MB
QPI 总线	6.4 GT/s
超线程技术	支持超线程技术
64 位处理器	是
工作功率	130 W
指令集	MMX, SSE, SSE2, SSE3, SSSE3, SSE4.1, SSE4.2, EM64T

表 2.2　AMD phenom Ⅱ X6 1055T 参数

型　号	Phenom Ⅱ X6 1055T
适用类型	台式机
接口类型	Socket AM3(938)(针脚式)
核心类型	Thuban(六核心)
生产工艺	45 nm
主频	2.8 GHz(最高动态频率 3.2 GHz)
外频	200 MHz
倍频	14X
一级缓存	L1 = 6×128 kB
二级缓存	L2 = 6×512 kB
三级缓存	L3 = 6 M
HT 总线	4 000 MT/s
HyperTransport 总线技术	支持 HyperTransport 总线技术
64 位处理器	是
工作功率	125/95 W
指令集	MMX(+),3DNow! (+),SSE(1,2,3,4A),x86-64,AMD-V

从表2.1和表2.2可以看出,任何一款CPU都有很多参数,哪些是主要的参数？各表示什么含义？如何选购？如何与其他硬件搭配？要解决这些问题,先要认识CPU的主要性能指标。

一、位宽

位宽是计算机的运算单位,在数字运算中采用二进制表示,"0"和"1"在CPU中都是一位。在同一时间内可以处理32位二进制数据的CPU的工作宽度是32位,可以在同一时间内处理64位二进制数据的就是64位CPU。64位CPU与32位CPU相比有明显优势,但需要与之相配的软、硬件支持才能发挥出最大性能。

二、主频

主频也称CPU时钟频率,常用单位有MHz、GHz（$1\,GHz=10^3\,MHz$）,主频＝外频×倍频系数。在同类型的CPU系列中,一般是主频越高其运算速度越强。主频与运算速度没有绝对关系,它并不代表CPU的运行速度。

想一想 JISUANJI ZUZHUANG YU WEIHU XIANGYIXIANG

表2.1中的3.33 GHz表示的是什么意思？

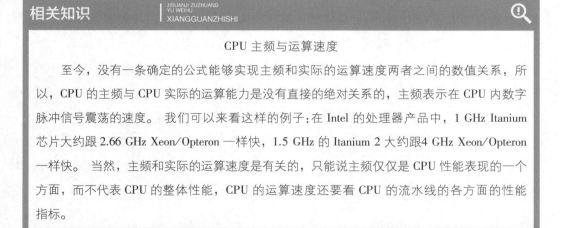

相关知识 JISUANJI ZUZHUANG YU WEIHU XIANGGUANZHISHI

CPU主频与运算速度

至今，没有一条确定的公式能够实现主频和实际的运算速度两者之间的数值关系，所以，CPU的主频与CPU实际的运算能力是没有直接的绝对关系的，主频表示在CPU内数字脉冲信号震荡的速度。我们可以来看这样的例子:在Intel的处理器产品中，1 GHz Itanium芯片大约跟2.66 GHz Xeon/Opteron一样快，1.5 GHz的Itanium 2大约跟4 GHz Xeon/Opteron一样快。当然，主频和实际的运算速度是有关的，只能说主频仅仅是CPU性能表现的一个方面，而不代表CPU的整体性能，CPU的运算速度还要看CPU的流水线的各方面的性能指标。

三、外频

外频是CPU的基准频率,是CPU与芯片组之间传输数据的频率,单位是MHz。CPU的外频决定着整块主板的运行速度。

四、倍频系数

倍频系数是 CPU 主频与外频的比值。外频相同的条件下,主频与倍频成正比。在同内核的 CPU 系列中,CPU 外频相同的情况下,通过提高倍频来提高主频,倍频高的 CPU 性能一般也高于倍频低的。但对系统的提高不一定明显。简单地说,提升外频可以提升系统的运行速度,提升倍频可以提升 CPU 的运行速度。提升外频和倍频都可以提升 CPU 主频,但这不是无限的,这跟 CPU 的电气特性有关。

> **想一想** JISUANJI ZUZHUANG YU WEIHU XIANGYIXIANG
>
> ①表 2.1 中的 CPU 外频虽然只有 133 MHz,比表 2.2 中 CPU 的外频 200 MHz 小,为什么它的主频却比表 2.2 中的 CPU 高?
> ②在相同外频的前提下,通过提高倍频来得到高主频的 CPU,其数据处理能力就一定强很多吗?

五、CPU 的总线技术

1.Intel 采用的总线技术

Intel 早期使用前端总线(FSB),是处理器与主板北桥芯片系统总线的数据通道,前端总线决定 CPU 与内存数据交换速度。外频与前端总线(FSB)的区别:前端总线的速度指的是数据传输的速度,外频是 CPU 与主板之间同步运行的速度。大多数时候,前端总线速度都大于 CPU 外频,且成倍数关系。前端总线频率越大,代表着 CPU 与北桥芯片之间的数据传输能力越强,更能充分发挥出 CPU 的功能。

Intel 现在采用 QPI(Quick Path Interconnect)总线技术,译为"快速通道互联"。它是一种点到点的连接技术,20 位宽的 QPI 连接其带宽可达 25.6 GB/s,远非 FSB 可比。QPI 是在处理器中集成内存控制器的体系架构,主要用于处理器之间和系统组件之间的互联通信。Intel 抛弃了沿用多年的 FSB,CPU 可直接通过内存控制器访问内存资源,而不是以前繁杂的"前端总线—北桥—内存控制器"模式。QPI 最初能大放异彩的是支持多个处理器的服务器平台,可以用于多处理器之间的互联。

2.AMD 采用的总线技术

AMD 采用的 HT(HyperTransport)总线技术作为 AMD CPU 上广为应用的一种端到端的总线技术,它可在内存控制器、磁盘控制器以及 PCI-E 总线控制器之间提供更高的数据传输带宽。HT 1.0 在双向 32 bit 模式的总线带宽为 12.8 GB/s。2004 年 AMD 推出的 HT 2.0 规格,最大带宽又由 1.0 的 12.8 GB/s 提升到了 22.4 GB/s。HT 3.0 又将工作频率从 HT 2.0 最高的 1.4 GHz 提高到了 2.6 GHz,提升幅度几乎又增加了一倍。这样,HT 3.0 在 2.6 GHz 高频率 32 bit 高位宽运行模式下,即可提供高达 41.6 GB/s 的总线带宽,相比 FSB 优势明显。

六、缓存

缓存是进行高速数据交换的存储器,它在内存与 CPU 中间进行数据交换。缓存大小也是 CPU 的重要指标之一,而且缓存的结构和大小对 CPU 速度的影响非常大,CPU 缓存一般是和处理器同频运作,工作效率远远大于内存和硬盘。实际工作时,CPU 往往需要重复读取同样的数据块,而缓存容量的增大,可以大幅度提升 CPU 内部读取数据的命中率,而不用再到内存或者硬盘上寻找,以此提高系统性能。但是由于 CPU 芯片面积和成本的因素,缓存都很小。因此缓存的大小也影响着 CPU 的价格高低。一般在同内核的 CPU 比较中,缓存大的 CPU 的系统性能高于缓存小的 CPU。

七、内核

面对上面这些烦琐的指标,初学者会眼花缭乱。其实只要知道了 CPU 的核心(又称为内核),在选购 CPU 的时候就可以确定很多关于它的参数。什么是核心(Die)? 就是 CPU 中心那块隆起的芯片,它是由单晶硅以一定的生产工艺制造出来的。CPU 所有的计算、接受/存储命令、处理数据都由核心执行。各种 CPU 核心都具有固定的逻辑结构,一级缓存、二级缓存、三级缓存、执行单元、指令级单元和总线接口等逻辑单元都会有科学的布局。为了便于 CPU 设计、生产、销售的管理,CPU 制造商会对各种 CPU 核心给出相应的代号,这也就是所谓的 CPU 核心类型。

相关知识
JISUANJI ZUZHUANG
YU WEIHU
XIANGGUANZHISHI

CPU 内核标志

不同的 CPU(不同系列或同一系列)都会有不同的核心类型(例如 Intel core i7 的 Bloomfield、Gulftown 等),甚至同一种核心都会有不同版本的类型(也称"步进"编号)(例如 A0,B1,C2 等),步进通常采用字母加数字的方式来表示,其越靠后的步进也就是越新的产品。 一般来说,步进编号中数字的变化,例如 A0 到 A1,表示生产工艺较小的改进;而步进编号中字母的变化,例如 A0 到 B1,则表示生产工艺比较大的或复杂的改进。 核心版本的变更是为了修正上一版本存在的一些缺陷,来提升一定的性能。 每一种核心类型都有其相应的制造工艺(例如 35 nm、22 nm 等)、核心面积、核心电压、电流大小、晶体管数量、各级缓存的大小(例如:L1、L2、L3)、主频范围、流水线架构和支持的指令集(这两点是决定 CPU 实际性能和工作效率的关键因素)、功耗和发热量的大小、封装方式、接口类型、总线技术等。 所以与其说是选择什么类型的 CPU,不如说是选择什么样的 CPU 核心。

学习了以上性能指标后，看看表 2.1、表 2.2 的 2 枚 CPU 的各种性能指标。 说说各表示什么内容？ 并说出这两款 CPU 的主要性能区别。

[任务四]　NO.4

选购 CPU

通过本任务的学习，要求你：

- 能正确掌握 CPU 选购的原则和技能；
- 明确 CPU 的选购思路；
- 了解一些 CPU 选购中的基本常识。

一、CPU 的选购原则

选购的原则是稳定使用就好，性能够用就行。主要考虑以下几方面：

（1）适用的性能

良好的性能表现出优良的品质，不是最新款的就最好。况且 CPU 的性能发挥也还需要其他部件的配合。

（2）合理的价格

当然经济允许的条件下，可以选配最新技术含量的 CPU，它的运算速度快，也更能发挥同时期新软件的优良性能。一般情况下，应该选择性价比高的 CPU，这样既经济又适用。

（3）有针对的用户

配置的计算机是人在使用，选配时要考虑使用者的因素。

- 学习与初级娱乐用户：对 CPU 要求不高，没必要购买价格很高的 CPU，选择各品牌的低端系列型号。
- 单位、公司和网吧等大群体的中级用户：建议配置目前市场上主流的 CPU，也就是各品牌的中端系列型号。
- 高级游戏与特殊用户：建设这类用户才考虑选择高端及价格昂贵的 CPU。

二、CPU 的选购思路

装配一台计算机，应按下面的思路选购 CPU：

①根据实用性确定选用什么价位、具备哪些基本性能的 CPU。如要配置一台家用多媒体处理、性能较佳的主流游戏计算机,需要选用中端的 CPU。

②同一时期内的中端 CPU 可能有多种核心和不同版本,这就需要我们依据实用性、性价比选定核心版本。其方法是上网或到市场多了解、多比较。另外,同一型号的 CPU 分为盒装与散装两种,盒装 CPU 除有包装盒以外,还有一个 CPU 散热器和质量保证书。一般盒装比散装要贵,这可根据购买者的购买预算来考虑。

③确定了核心后,学习和记录该核心的性能及参数,以便为该 CPU 选配合适的主板。

④注意如何识别真伪,货比多家,选择信誉好、规模大、出货量大的商家购买。

三、CPU 的识别

1.硬件识别

购买的 CPU,我们如何辨认它与拟定配置单中的相符呢? 首先是通过 CPU 自身的标识来识别对照,可以采用以下 3 种方法:

• 通过硬件正面的激光打印标识识别 CPU 型号,如:S-Spec 编码、产品序列号等编码识别,将编码上网查实。

• 通过硬件包装上的编码与 CPU 上的编码对照是否相符。

• 通过系统开机 BIOS 自检识别 CPU 常用参数。

2.软件识别

使用测试软件(如 CPU-Z、Everest 等)进行测试,观察是否和该 CPU 包装上指定的参数相符合(这部分内容在本书的模块八中讲述)。

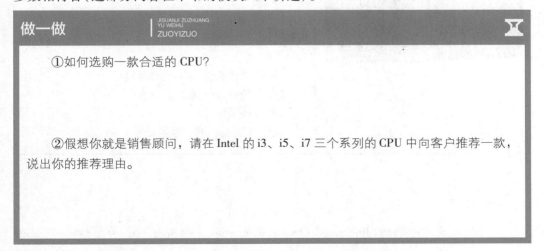

做一做　JISUANJI ZUZHUANG YU WEIHU ZUOYIZUO

①如何选购一款合适的 CPU?

②假想你就是销售顾问,请在 Intel 的 i3、i5、i7 三个系列的 CPU 中向客户推荐一款,说出你的推荐理由。

[任务五]

认识主板的组成

主板(MainBoard)是计算机中最大的一块电路板,是计算机系统最重要的核心部件之一,是连接 CPU 与其他功能部件连接的平台和桥梁。

通过本任务的学习,要求你:

- 认识主板的组成和作用;
- 描述主板各组成部件的特性和功能。

主板(Main Board)也称系统板(System Board)或母板(Mother Board),是计算机最基本的也是最重要的部件之一。打开主机箱后,看到的最大的那块电路板就是主板。

左图是华硕公司生产的型号为 P9X79 的主板和包装盒,主板上有很多元器件和各种接口。主要有以下几类:

(1)芯片

芯片组、时钟芯片、I/O 芯片、BIOS 芯片、声卡芯片等。

(2)接口

CPU 插座、内存插槽、硬盘接口、光驱接口、电源接口、面板控制接口、风扇电源接口、PS/2、USB、1394 接口、串口和并口等。

(3)扩展插槽类(也是一种接口)

PCI-E 插槽、PCI 插槽

(4)其他元件

供电部分元件、其他电路元件等。

一、芯片

芯片就是集成电路板(Integrated Circuit,IC),一般泛指所有的电子元器件,它是在硅板上集合多种电子元器件实现某种特定功能的电路模块,是电子设备中最重要的部分,承担着运算和存储的功能。CPU 就是计算机中最大、功能最强的一个芯片,主板上也拥有很多芯片。

芯片组

主板芯片组（Chipset）是主板的核心。如果说 CPU 是整个计算机系统的大脑，那么芯片组就是心脏，它控制着数据的交换。对于主板而言，芯片组几乎决定了这块主板的功能，进而影响整个计算机系统性能的发挥。

芯片组是由一枚、两枚和多枚芯片组成。而传统的芯片组是南桥和北桥的两枚芯片设计结构。

北桥芯片（如左上图所示）负责与 CPU 联系并控制内存、PCI-E、PCI 数据在北桥内部的传输，提供对 CPU 类型和主频、系统前端的总线频率、内存的类型和最大容量、ISA/PCI/AGP/PCI-E 插槽、ECC 纠错等支持，整合型芯片组的北桥芯片还集成了显示核心。

南桥芯片（如左中图所示）负责 I/O 总线之间的通信（PCI 总线、USB、LAN、ATA、SATA、音频控制器、键盘控制器、实时时钟控制器、高级电源管理等），有的还集成网卡、RAID、IEEE 1394，甚至 Wi-Fi 无线网络等。

现在，主流芯片组采用了单芯片组设计，如左下图所示的 P55 芯片组就是单芯片设计，很多北桥的功能都由所支持的 CPU 集成实现，所以南北芯片组的设计结构简化为了单芯片设计，称为 PCHC（Platform Controller Hub，平台控制中心），AMO 系列称为 FCH。

芯片组性能的优劣，决定了主板性能的好坏与级别的高低。芯片组与 CPU 能良好地协同工作，才能使计算机的整体性能得以发挥。所以，当选定了某型号的 CPU 时，就必须选择与之相匹配的芯片组。因为芯片组都是针对某核心 CPU 开发的，并且不同芯片组有自己的一套接口和技术支持标准。选择主板时，如何来选择支持同 CPU 核心的不同芯片组呢？这就要看各芯片组支持的性能技术指标是否与 CPU、显卡、内存等和主板相连部件的性能技术指标相符合。

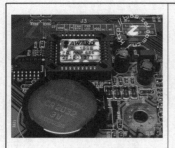	BIOS 芯片 BIOS 芯片是一块存储器,存储的是计算机的基本输入输出系统,它是计算机最基础、最重要的程序。BIOS 芯片还保存着 BIOS 的设置参数,在计算机关机后用一块电池供电保存,也可以通过 BIOS 芯片旁边的跳线放电来恢复出厂设置(如左图所示)。
	I/O 控制、功能芯片 可以更好地对主板的 I/O 设备和端口起到控制和监视作用,如出现错误或故障可以通过警鸣器和 debug 侦错灯字符提示用户(如左图所示)。
	音频芯片 集成声卡就是把声卡的数字 I/O 控制器集成到主板的南桥芯片,而声卡的 DSP(Digital Signal Processing,数字信号处理)交由 CPU 完成,这种声卡称为集成软声卡。Intel 在 1997 年推出了 AC' 97 音频规范,主板厂商只需要在主板上另外集成一枚 AC' 97 Codec(即 DAC、CAD 功能芯片,也把它称为 Audio Codec)就能提供基本的音频回放功能。主板上集成了具有独立处理音效和声音数据的 DSP 芯片就称为集成硬声卡。集成声卡具有不占用主板扩展接口、成本更为低廉、兼容性更好等优势,能够满足普通用户的绝大部分音频需求。左图是主板上集成的 VIA 公司的 VT1708S 8 音效芯片。
	网络芯片 大多数主板都集成了网络接口,左图是主板上集成的千兆网卡控制芯片。该芯片还带有防火墙功能,能阻挡一些来自 IP 的攻击。

二、扩展插槽类

扩展插槽是主板上用于固定扩展卡并将其连接到系统总线上的插槽,也称扩展槽、扩充插槽。扩展槽是一种添加或增强计算机特性及功能的方法。例如,不满意集成显卡的性能,可以添加独立显卡以增强显示性能;不满意集成声卡的音质,可以添加独立声卡以增强音效。

（1）PCI-E 插槽

PCI Express 是新一代的总线接口,采用了目前业内流行的点对点串行连接。PCI Express 技术规格允许实现 X1（250 MB/s）,X4,X8,X12,X16 和 X32 通道规格。技术规范有 1.0、2.0、3.0、4.0,数字越大,技术越新,性能越好。目前显卡的主要接口技术就采用 PCI-E X16,其传输速率是早期 AGP 技术的近 4 倍。而 PCI Express X1 和 X4 规格则用于主流的声卡、网卡和存储设备等对数据传输带宽的需求,其总线传输率高于 PCI 总线,并将取代 PCI 接口总线。

（2）PCI 插槽

PCI 插槽是上一代扩展功能板卡的总线接口。一般用于连接 PCI 接口的声卡、SCSI 卡、IDE 卡、电视卡等,实现计算机的扩展功能。

三、接口

主板作为计算机的主体部分,提供着多种接口与各部件相接,而随着科技的不断发展,主板上的各种接口与规范也在不断升级,不断更新换代。

CPU 接口

CPU 接口用于连接和固定 CPU。由于 CPU 制造商为了支持不同的 CPU 内核架构采用了不同的 CPU 接口类型,使得主板的 CPU 接口只能使用所支持对应内核架构的 CPU 接口标准。也就是说一款主板只支持一种核心架构的 CPU 封装接口,它们是一一对应的关系。

Intel 目前使用的大多是触点式接口,它的接口类型命名方法采用封装方式+接口线数,如左上图所示。例如:LGA 1150 表示此接口所连接的 CPU 采用 LGA 封装方式,它的连接线数有 1150 线（对应 CPU 为 1150 引脚）。Intel 同时期还有 LGA2011 不同的 CPU 接口。由于接口连接线数不同,使得不同类型的 CPU 接口互不兼容。

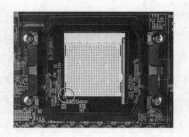	AMD 使用的还是 PGA 针孔式接口,它的接口命名方式与 Intel 不同,采用 CPU 接口方式+AMD CPU 接口平台编码,如左下图所示。例如:Socket AM3 表示此接口的 CPU 接口方式是 Socket 接口,接口编码为 AM3(AM3 只是一个编码,本身不具有含义)。在 CPU 接口的兼容性上 AMD 要优于 Intel。例如:AM2+采用 940 连接线数,它既支持 940 针的 AMD CPU,又支持 938 针的 AMD CPU。后续 AMD 接口也有采用 LGA 接口,如 AMD TR4、AN5
	内存接口 　　内存接口用于连接和固定内存条,不同的内存插槽只能插放相应类型的内存(如左图所示)。
  SATA3接口　　SATA2接口	SATA 接口与 IDE 接口 　　SATA 接口与 IDE 接口都是存储器接口,也就是硬盘与光驱。IDE 接口为 40 针(如左上图所示),传输率达 133 Mbit/s。现在主流的 Intel 主板都不提供原生的 IDE 接口支持,但主板厂商为照顾老用户,通过第三方芯片提供支持。新装机的用户不必考虑 IDE 设备了,硬盘与光驱都有 SATA 版本,能提供更高的性能。 　　SATA 已经成为主流的接口,主流的规范是 SATA3 6.0 Gbit/s。如左下图所示的 SATA3 接口与 SATA2 接口外形上没有区别,只是在传输特性上的技术不同,SATA2 为 3.0 Gbit/s。 　　对于固态硬盘还增加了 M.2 接口。M.2 接口支持 SATA 总线和 PCI-E 总线,选择 PCI-E 总线的 M.2 接口有更好的性能表现。
 	CPU 供电接口 　　为了给 CPU 提供更强、更稳定的电源,目前主板上均提供一个给 CPU 单独供电的接口(有 4 针、6 针和 8 针的 3 种 12 V 接口)。早在 Pentium 4 时代就引入了一个 4 针的 12 V 接口(如左上图所示),给 CPU 提供辅助供电。由于现在的 CPU 对供电要求更高,所以一些主流的主板使用了更强的 8 针 12 V CPU 供电接口(如左下图所示),提供更大的电流,更好地保证 CPU 运行的稳定性。

4 PIN 与 8 PIN 的 CPU 供电接口的兼容性

　　一些电源只提供 4 针接口，没提供 8 针接口，两者能兼容吗？ 答案是可以的，如果电源上只有 4 针 12 V 接口，接在 8 针的主板上是完全没问题的，该接口使用防插错设计，只有一边可以接入。 另外，虽然有 4 针转 8 针的转接线，但由于是同一条线路输出，转接和不转接的效果是完全一样的。

 	**风扇电源接口** 　　CPU_FAN 是 CPU 散热器的电源接口，目前 CPU 的散热器接口采用了 4 针设计，与其他散热器相比明显多出一针，这是因为主板提供了 CPU 温度监测功能，风扇可以根据 CPU 的温度自动调整转速，如左上图所示。 　　另外主板上还有 CHA_FAN 的插座，这些都是用来给散热器供电的。CHA_FAN 采用了 3 针设计（分别为接地 GND、+12 V 电源和风扇转速检测端）比 2 针的纯电源供电接口多出了 1 针风扇转速检测端，它可实现对风扇转速的检查，并可通过软件显示出来，如左下图所示。
	**机箱面板接口** 　　机箱面板接口也称机箱接口，有电源开关（Power SW）、复位开关（Reset SW）、电源指示灯（Power LED）、硬盘指示灯（HDD LED）、机箱喇叭（Speaker）等（如左图所示）。一般为两根线，正极的相应针脚均有标志，如"+"。
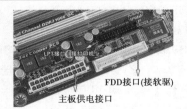 FDD接口（接软驱） 主板供电接口	**电源接口** 　　电源接口是给主板供电的电源插座（如左图所示），现多为 24 针，提供±3.3 V、±5 V、±12 V 电压，兼容传统的 20 针电源。为避免大功耗显卡和 CPU 抢电压而设计双 12 V 供电方案，多出的 4 针主要是为 PCI-E 显卡供电。如果不是用大功耗显卡，只接 20 P 针也没问题。
	**其他扩展接口** 　　左图中间的 3 个接口是前/后置 USB 接口的接线处。两端分别是 COM 口和 IEEE 1394 接口。新的主板芯片组背部不提供 COM 接口，因此在主板上内建了 COM 插槽，方便老用户使用。

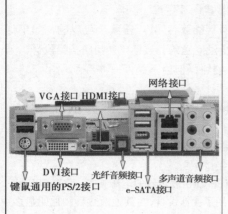

VGA接口 HDMI接口

网络接口

DVI接口 光纤音频接口
键鼠通用的PS/2接口 e-SATA接口 多声道音频接口

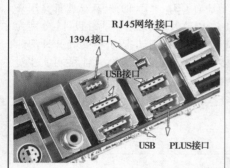

RJ45网络接口
1394接口

USB接口

USB PLUS接口

主板侧面的外部接口,如左图所示。

(1)PS/2 接口

常用的通信传输类接口,仅用于连接键盘和鼠标,一般情况下,键盘接口为紫色、鼠标接口为绿色。现在基本被 USB 接口取代。

(2)并行接口

一般用来连接并口的打印机和扫描仪,其接口为 25 针,现在已经很少使用,基本上被 USB 接口所取代。

(3)COM 串行接口

COM 串行接口用于连接 COM 串口鼠标和调制解调器等 COM 接口设备,其接口为 9 针,传输距离为 15 m,传输速度 115.2 kB/s,现在已经很少使用。基本上被 USB 接口所取代。

(4)USB 串行接口

USB 串行接口是比较主流的外设接口,用于连接 U 盘、USB 接口打印机、扫描仪等设备,支持热拔插,最多可连接 127 个外设,USB 1.0 高速设备为 12 MB/s,低速设备为 1.5 MB/s,USB 2.0 最高传输速率可达480 MB/s,USB 3.0的理论速度是 4.8 GB/s。

(5)IEEE-1394 接口

IEEE-1394 接口主要运用在数字摄像机和高速存储驱动器,其接口有 4 针和 6 针两种,最多可以连接 63 个设备,传输速率最高 400 MB/s。IEEE-1394 接口最大的优势是接口带宽比较高,主要应用在大容量的设备连接的数据传输。

(6)RJ45 网络接口

RJ45 网络接口用于连接网络双绞线,接口为 8 芯。

(7)音频各类接口

音频各类接口有 Line IN(音频信号输入)、Line OUT(音频信号输出)、MIC(话筒输入)、SPK OUT(音箱、耳机接口),以及 SPDIF 数字音频接口和光纤接口等。

(8)VGA、DVI 和 HDMI 接口

VGA、DVI 和 HDMI 接口是视频接口,拥有这些接口的主板表示集成了显卡。这些接口用于连接显示器。VGA 是传输模拟信号,DVI 和 HDMI 能传输数字信号,支持 1080 线全高清视频。与 DVI 相比,HDMI 主要优势是能够同时传输音频数据,在视频数据的传输上没有差别。另外,还有一种新型接口 DP(DisplayPort)视频接口,同样能够传输音频。

（9）e-SATA 和 USB PLUS 接口

e-SATA 并不是一种独立的外部接口技术标准，简单地说，e-SATA 就是 SATA 的外接式界面，拥有 e-SATA 接口的计算机可以把 SATA 设备直接从外部连接到系统当中，而不用打开机箱，但其本身并不带供电。而 USB、PLUS 接口解决 e-SATA 没有提供供电的缺陷。外观上比 e-SATA 厚。

（10）Type-C 接口

Type-C 是一种推广很快的通用接口。它配合联入的总线标准可实现视频、音频、网络、数据的信号传输。

做一做

JISUANJI ZUZHUANG YU WEIHU
ZUOYIZUO

请写出图中各部件名称。

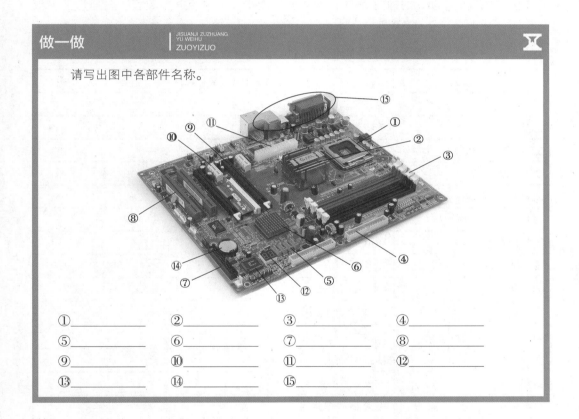

① _____ ② _____ ③ _____ ④ _____
⑤ _____ ⑥ _____ ⑦ _____ ⑧ _____
⑨ _____ ⑩ _____ ⑪ _____ ⑫ _____
⑬ _____ ⑭ _____ ⑮ _____

NO.6

[任务六]

认识主板的主要性能指标

微课

主板的主要
性能指标

通过前面的学习，小王认识了主板的组成和各部分的功能。主板的种类很多，如何衡量一款主板的优劣，选择一款适合自己需要的主板呢？我们需要进一步了解主板的主要性能指标。

通过本任务的学习,要求你:

- 认识主板的主要性能指标;
- 了解这些性能指标将直接影响主板的哪些性能;
- 能描述主板参数表中各指标参数的含义;
- 指出主板参数表中各指标与哪些相连部件的性能有关。

对于行业人员,根据主板芯片组就能了解到主板的主要性能指标,而对于一般用户需要借助主板的参数表才能了解主板的主要性能指标。主板的参数表一般列举了主板与所连接部件的相关性能指标,这也是芯片组的主要性能参数,如表2.3、表2.4所示。

表2.3 华硕 MAXIMUS VII RANGER 主板详细参数

型 号	MAXIMUS VII RANGER
适用类型	台式机
芯片厂商	英特尔(Intel)
芯片组或北桥芯片	Intel Z97
CPU 插槽	LGA 1150
支持 CPU 类型	Core i7,Core i5,Core i3,Celeron,Pentium
主板架构	ATX
支持内存类型	DDR3
支持通道模式	双通道
内存插槽	4 DDR3 DIMM
内存频率	DDR3 2 800 MHz
最大支持内存容量	32 GB
集成显卡核心	视 CPU 而定
板载声卡	集成 8 声道音效芯片
板载网卡	板载 Intel 千兆网卡
硬盘接口	S-ATA Ⅲ
SATA Ⅲ接口数量	8
支持显卡标准	PCIE 3.0
扩展插槽	3×PCI-E X1,3×PCI-E X16
扩展接口	键盘 PS/2,E-SATA,IEEE 1394,USB2.0,USB 3.0,光纤接口
USB 接口数量	14
电源接口	24PIN+8PIN
外形尺寸	30.5 cm×24.4 cm

表 2.4　华硕 M5A99FX PRO R2.0 主板详细参数

型　号	M5A99FX PRO R2.0
适用类型	台式机
芯片厂商	AMD
芯片组或北桥芯片	AMD 990X
南桥芯片	AMD SB950
CPU 插槽	AM3+
支持 CPU 类型	支持 Phenom Ⅱ，Athlon Ⅱ，Phenom FX，Sempron 100 系列处理器
主板架构	ATX
总线技术	HT3.0
支持内存类型	DDR3
支持通道模式	三通道
内存插槽	4 DDR3 DIMM
最大支持内存容量	32 GB
板载声卡	集成 Realtek ALC892 8 声道音效芯片
板载网卡	板载 Realtek RTL8111F 千兆网卡
硬盘接口	S-ATA Ⅲ
SATA Ⅲ接口数量	7
支持显卡标准	PCIE 2.0
扩展插槽	1×PCI-E X1，4×PCI-E X16
PCI 插槽	1×PCI
扩展接口	键盘 PS/2，鼠标 PS/2，USB2.0，USB 3.0，1×RJ45 网卡接口，光纤接口
USB 接口数量	18
E-SATA 接口数量	1
电源回路	10 相电路
电源接口	24 PIN+8 PIN
特色功能	CrossFire 技术
外形尺寸	30.5 cm×24.4 cm

一、主板支持的 CPU 类型

通过 CPU 插槽类型能判断出所支持的 CPU 类型。例如：表 2.3 中 CPU 插槽为 LGA 1150，它能支持接口类型为 LGA1150 的 intel 全系 CPU。表 2.4 中的 CPU 插槽为 Socket AM3+，它能支持接口类型为 AM3+的 AMD 全系 CPU。在主板支持 CPU 类型的问题上，建议参照厂商提供的配置方案。例如，表 2.3 中 CPU 支持类型为 Intel 酷睿 i7，酷睿 i5 等处理器；表 2.4 中 CPU 支持类型为 AMD 支持 Phenom Ⅱ，Athlon Ⅱ，Phenom FX，Sempron 100 等处理器。

二、主板对内存的支持

主板内存插槽的类型决定了所能采用的内存类型,插槽的线数与内存条的引脚数一一对应。内存插槽一般有 2~4 个,表现了其不同程度的扩展性。另外,主板就算是有足够的插槽数,还要看它支持的最大存储容量。例如,主板支持最大内存容量为 4 GB,插槽数为4 条,插入两根 2 GB 的内存条也就达到了总容量的限制。从数据传输技术上还要参考是否支持双通道或三通道内存技术,由于很多的 CPU 都将内存控制器整合,所以是否支持双通道就只跟 CPU 有关。最后还要看主板对内存的传输标准的支持范围,范围越广越好。

相关知识 JISUANJI ZUZHUANG YU WEIHU XIANGGUANZHISHI ⊕

双通道内存技术

双通道内存技术是解决 CPU 总线带宽与内存带宽的矛盾的一种低价、高性能的方案。现在 CPU 的总线频率越来越高,对内存带宽具有更高的需求。例如:Intel Pentium 4 的 FSB 分别是 400/533/800 MHz,总线带宽分别是 3.2 GB/s,4.2 GB/s 和6.4 GB/s,而 DDR 266/DDR 333/DDR 400 所能提供的内存带宽分别是 2.1 GB/s,2.7 GB/s 和 3.2 GB/s。在单通道内存模式下,DDR 内存无法提供 CPU 所需要的数据带宽,从而成为系统的性能瓶颈。而在双通道内存模式下,双通道 DDR 266/DDR 333/DDR 400 所能提供理论上双倍的内存带宽,分别是 4.2 GB/s,5.4 GB/s 和 6.4 GB/s,在这里可以看到,双通道 DDR 400 内存刚好可以满足 800 MHz 总线频率的 Pentium 4 处理器的带宽需求。

三、对显示卡的支持

主板上的 PCI Express×16 2.0 插槽是应用于显示卡的专用插槽。它是 PCI Express 总线接口的一种,是 PCI Express×16 的升级版,其对应的传输速率为16 GB/s。查看主板是否提供额外的 PCI Express×16 2.0 或 PCI Express×16 3.0 插槽也是其一项重要的指标。对显示系统有较高要求的用户,没有显卡插槽就几乎等于失去了升级显示卡的可能。对显示系统有更高要求的用户,还要查看主板是否支持多显卡技术。

四、对硬盘与光驱的支持

硬盘与光驱的接口标准有 IDE 和 SATA,现在多采用 SATA 3 的接口技术。固态硬盘还有 M.2 接口。

五、扩展性能与外围接口

除了 PCI Express×16 2.0 插槽和内存插槽外,主板上还有 PCI,PCI Express×1,PCI Express×4,PCI Express×8 等扩展槽,它们扩展了主板的扩展性能。它们是目前用于设备扩展的主要接口标准,连接声卡、网卡、内置 MODEM 等设备。主板上一般设有 2~5 条 PCI Express×1、PCI Express×4 插槽,且采用 Mirco ATX 板型的主板上的扩展槽一般少于标准 ATX 板上扩展的数量,对于一般家庭用户,可能需要一个 PCI Express×1、PCI Express×4 插槽,方便以后的升级需要。

另外,我们可以通过查看主板的外围接口了解主板所整合的功能芯片。当然也可以在主板参数表中的芯片参数中直接获取。例如,表 2.3 和表 2.4 中的主板集成了网卡和声卡。

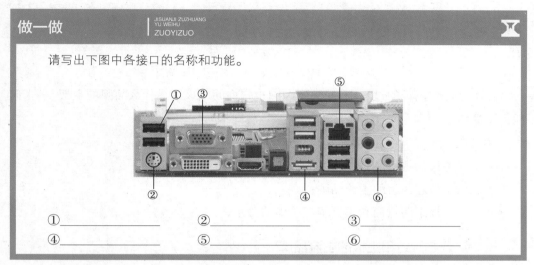

做一做 JISUANJI ZUZHUANG YU WEIHU ZUOYIZUO

请写出下图中各接口的名称和功能。

① _____ ② _____ ③ _____
④ _____ ⑤ _____ ⑥ _____

六、BIOS 技术

　　BIOS 技术由 BIOS 程序和 CMOS 芯片组成,主板上的这块 CMOS 芯片保存有计算机系统最重要的基本输入输出程序、系统 CMOS 设置、开机上电自检程序和硬件系统启动程序。现在市场上的主板使用的主要是 Award、AMI、Phoenix 等几种。早期主板的 BIOS 采用 EPROM 芯片存储,一般用户无法更新。后来采用了 Flash ROM,用户可以更改其中的内容,以便随时升级,这使得 BIOS 容易受到病毒的攻击,而 BIOS 一旦受到攻击,主板将不能工作,于是各大主板厂商对 BIOS 采用了各种防毒的保护措施,因此,在选择主板时,应考虑主板的 BIOS 能否方便地升级,是否具有优良的防病毒功能。

七、主板结构

　　主板结构有的又称主板架构,就是根据主板上各元器件的布局排列方式,尺寸大小,形状,所使用的电源规格等制定出的通用标准,所有主板厂商都必须遵循。PC 市场上常见的主板结构有 ATX、Micro ATX、ITX 和 BTX。

　　● ATX:是目前市场上最常见的主板结构,扩展插槽较多,插槽数量在 4~6 个,大多数主板都采用此结构。

　　● Micro ATX:又称 Mini ATX,是 ATX 结构的简化版,就是常说的"小板",扩展插槽较少,插槽数量有 1~3 个,多用于品牌机并配备小型机箱。

　　● BTX:是英特尔制订的一种主板结构,布局上优于 ATX,但采用的厂商较少。

●ITX：是一种结构紧凑的主板，用于小空间的、相对低成本的计算机上。它将处理器、显卡、声卡、网卡和一些必要的硬件都集成在主板上。

［任务七］

考察主流的芯片组和主板品牌

在小王选购主板的过程中，向销售顾问小张询问应该选择什么品牌的主板，小张向他作了介绍。

通过本任务的学习，要求你：

● 认识主板的主流品牌；

● 认识主板芯片组的主流品牌；

● 了解芯片组制造商和主板集成厂商的关系。

一、认识芯片组和主板的主流品牌

阅读下面提供的资料，从而认识主板和芯片组的主流品牌。

左图是市场上主流主板品牌的商标，它们分别是华硕、MSI微星、技嘉、映泰、华擎、昂达、梅捷、盈通、翔升、七彩虹、双敏等品牌。

主板看上去是计算机里最复杂的部件，其实主板的制作是整个计算机中技术含量最低的，它就是将组成主板的元器件按照设计好的布局图焊接到印刷电路板上。

主板芯片组的主流品牌有Intel（美国，如左图所示），nVidia（美国），VIA（中国台湾），ATI（原加拿大，现被 AMD 收购）；其他还有 SiS（中国台湾）、AMD（美国）等。

相关知识　JISUANJI ZUZHUANG YU WEIHU XIANGGUANZHISHI

主板的制作过程

通过相应软件绘制原理图→根据原理图绘制 PCB（印刷电路板）图（分为布线和布局）→根据 PCB 图制板→PCB 和元器件的检验→贴片（直接在正面焊接贴在电路板上的元器件）→手工接插（像插件那样要穿过线路板在背面焊接）→检测→包装。

主板整个制造过程中最复杂的就是绘制 PCB 图，有实力的主板制造商在公版的 PCB 图基础上创新改版而成，而更多的主板制造商则是直接将公版 PCB 图拿来使用。公版的 PCB 图是由 IC 制造商如 VIA、Intel、AMD 提供。这也是为什么在同一芯片组平台上开发的主板虽然厂商不同，但是样子却一样。

二、芯片组制造商和主板集成厂商的关系

芯片组的开发和制造的技术含量要高于主板的制造。传统的芯片制造商能通过有其自身具备的芯片设计研发能力，根据 CPU 的架构和接口参数开发支持的芯片组。而主板制造厂商则是根据提供的芯片组结构、功能、线路接口规范和公版 PBC 图等技术参数，将各类元器件集成到一张设计好的印刷电路板上。由于行业核心的定位关系，芯片组制造商一般不从事主板生产，同样主板生产商一般不进行芯片组开发。

NO.8

[任务八]

选购主板

通过本任务的学习，要求你：

- 能正确掌握主板选购的原则和技能；
- 明确主板的选购思路；
- 了解一些主板选购中的基本常识。

一、主板的选购原则

对于主板的选购原则主要考虑以下几方面：

（1）主板的品牌

选择市场上的知名品牌，如：华硕、MSI 微星、技嘉等，这样可保障产品的质量和良好的服务，特别是产品的售后服务。选择主板时要关注主板的做工，比如元器件的布局、布线设计、电容等部件的选材等。由于关注这些因素需要购买者具有一定的电气常

识,所以最简单的选择方式可以购买知名大品牌的主板。

（2）主板的主要性能指标

根据实际需要来选择具有相应指标的芯片组。在功能芯片整合方面,要结合以下应用范围考虑:

①作为一般的办公处理,选择一款性能适中的主板,做好集成声卡、网卡和显卡。

②作为个人应用,如果有较高的娱乐要求,那么选择性能高的主板。并且还要考虑将来的升级扩展能力。

（3）选择合适的主板

用户应该根据自己的实际需求和经济能力来选购主板,由于每一项功能都将影响到主板的价格,不必花钱去购买不需要的功能。

二、主板的选购思路

装配一台计算机,应按下面的思路选购主板:

①在选购计算机时,首先选择适合自己的芯片组,它由已选择的 CPU 核心和架构决定,最好参照厂商提供的配对规则。另外,还要结合周边硬件选择具体的芯片组型号。比如对内存、显卡和硬盘的支持等。

②由用户的实际应用来选择主板的整合功能,比如整合声卡、网卡、显卡等。

③确定了芯片组和整合功能后,记录这些需求的性能及参数,为选配合适的主板提供依据。

④主板的品牌最好是知名大品牌,购买的商家最好是信誉好、规模大、出货量大的商家。这样可以保障产品有良好的售后服务能力,防止购买到非正规渠道的产品。

友情提示 JISUANJI ZUZHUANG YU WEIHU YOUQINGTISHI

包装上的主板型号不一定是主板所采用芯片组的型号,例如:某采用 H55 芯片组的主板型号为 p55-lxdt,可能会使购买者认为这款主板采用的是 P55 的 Intel 芯片组。 一般主板都有自己的型号编码方式,不一定使用所采用的芯片组型号来命名主板。 可使用如下两种方法来辨别:

①通过包装盒上的主板的芯片组参数来辨认。

②通过硬件检测软件来识别主板芯片组（在模块八中介绍检测方法）。

做一做 JISUANJI ZUZHUANG YU WEIHU ZUOYIZUO

结合自己的实际应用,在市场上挑选出 Intel 和 AMD 的主流 CPU 各一枚。 然后调查市场和查询资料,用表格的形式分别写出针对这两款 CPU 选配的主板品牌型号、主板参数及选配理由。

NO.9

[任务九]

选购内存条

微 课

内存主要性能
指标

存储器是用来存储程序和数据的部件,有了存储器,计算机才有记忆功能,才能保证正常工作。按用途存储器可分为主存储器(内存)和辅助存储器(外存)。辅助外存通常是磁性介质或光盘等,能长期保存信息。如今,为了提升存取信息的速度,可使用电子存储芯片制造的固态硬盘。主存储器指主板上的存储部件,用来存放当前正在执行的数据和程序,但仅用于暂时存放程序和数据,关闭电源或断电,数据就会丢失。

内存条是一种 RAM 类型的主存储器。在整个系统平台中,它是 CPU 总线与外界进行数据交换的缓存平台,并起着协调数据传输速率的功能。

通过本任务的学习,要求你:

● 描述内存条的外部结构;

● 识别内存条的不同类型;

● 描述内存条的主要性能指标;

● 掌握内存条的选购。

一、内存的组成

内存从外部结构上来看由散热片、金手指、集成电路板、内存颗粒、SPD 芯片、电容电阻和产品标识组成。

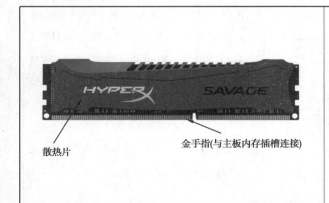 散热片　　　　金手指(与主板内存插槽连接)	（1）散热片 散热片用于内存颗粒的散热。 （2）金手指 金手指是插槽类板卡的接口方式,不同类型部件的金手指接口拥有不同的线数。每一线就对应一小块触片。 （3）集成电路板 集成电路板是由玻璃纤维制成,多为绿、红、黑色的板装,所有电路安装在其上面。

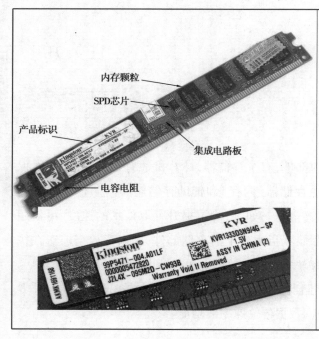

（4）内存颗粒

内存颗粒是指内存条上的小黑块，一般为 8~16 个。它具有存储功能，是内存条的主要部件。

（5）SPD 芯片

SPD 芯片（Serial Presence Detect）是在电路板上很小的一块，一般有 8 个脚，负责记录内存的大小、速度、时序等信息。

（6）产品标识

产品标识是内存条的制造商对其产品性能指标、厂商等信息的标注。例如，通过左图内存条的标识可以知道品牌是 Kingston，外频是 1 333，存储容量是 4 GB，类型是 DDR3 等信息。

（7）电容电阻

其他电路元件有电容、电阻等，在电路板上非常小，排列在颗粒下。

二、内存的主要性能指标

虽然小王知道内存条的一些知识，却不知道对于内存的选购要注意哪些性能指标，只好再次向销售顾问小张请教。小张首先拿出一款内存包装盒，上面有很多的参数，根据这张参数表讲解了内存的主要性能指标。

品牌型号	金士顿 DDR4 2400 8 GB
基本参数	
内存类型	DDR4
适用机型	台式机内存
内存容量	8 GB
工作频率	2 400 MHz
传输标准	PC3-128000
接口类型	240 Pin
技术参数	
电压	1.65 V
CL 设置	11-13-14-32

内存的主频，也就是表中的工作频率。它和 CPU 主频一样，习惯上被用来表示内存的速度，单位主频越高，内存的速度就越快，它也决定着该内存最高能在什么样的频率下正常工作。如 DDR4 2400，其中 2 400 就指工作频率为 2 400 MHz，是表中标注的工作频率 2 400 MHz 的近似值。

内存容量是指该内存条的存储容量，以 GB 作为单位。一般而言，内存容量越大，越有利于系统的运行。

不同类型的内存条性能各有差异,在传输率、工作频率、工作方式、工作电压等方面都有所不同。常见的类型如左图所示。

从接口类型来看,SDRAM 针脚数为 168 Pin,DDR SDRAM 针脚数为 184,RDRAM 针脚数为 184,DDR2 和 DDR3 接触针脚数目同为 240 Pin,针脚数与内存的金手指触片数相对应。虽然 DDR 与 RDRAM,DDR2 与 DDR3 针脚数相同,但是防插错的缺口位置不同。

内存颗粒的封装来看,SDRAM 和 DDR 内存采用 TSOP 芯片封装形式。这种封装形式可以很好地工作在 200 MHz 上,当频率更高时,它过长的管脚就会产生很高的阻抗和寄生电容,这会影响它的稳定性和频率提升的难度,这也就是 DDR 的核心频率很难突破 275 MHz 的原因。而 DDR2 和 DDR3 内存均采用 FBGA 封装形式,它能提供更好的电气性能与散热性,为内存的稳定工作与未来频率的发展提供了良好的保障。当然,DDR4 是在 DDR3 技术上发展而来,相比较,DDR4 具有速度更快、更省电、容量更大等优点。

传输标准是购买内存的首要选择条件之一,它代表着该内存的速度;更重要的是它是内存的一种规范,只有完全符合该规范才能说该内存采用了此传输标准。例如,型号为 PC3 12800 的内存条,其中的 PC3 表示该内存符合 DDR3 类型的规范,12 800 表示的是数据传输带宽为 12.8 GB/s。因此,传输标准的标志是对内存类型、工作频率和制造规范等因素的综合表述。左表中给出了不同类型、内存的参数,可对照认识它们的不同性能。

内存类型	SDRAM	DDR SDRAM	DDR2 SDRAM	DDR3
内存频率 MHz	133	133	133	200
一个时钟内读取次数	1	2	4	8
数据传输速度 MHz	133	266	533	1 600
数据存储位宽	64	64	64	64
针脚模块	168	184	240	240

内存除了以上所介绍的内存参数外,还有电压和 CL 值两个参数。

电压是内存稳定工作的保障,对同一传输标准的内存来说,提供给它的电压也是一定的,在硬件系统中,给内存供电的是主板,所以在选购内存条时,在电压方面也要考虑主板的支持性。另外,在同一技术规范下的内存条若要提升性能,比如提升工作频率,其中一种方法就是提高对内存的供电电压,这一点与 CPU 的超频相似。在提升性能的同时也带来部件热量和功耗的增加,从而会使内存条的电气特性发生变化,影响其稳定性。在选购内存条时,参照电压值较小就能实现同一传输标准的内存条。

CL(CAS Latency CAS 的延迟时间)值是指内存工作过程中的延迟时间。比如 9-9-9-27,第 1 个 9 表示 CAS 信号(Column Address Strobe,列地址信号)传输的延迟;第 2 个 9 表示 RAS 信号(Row Address Strobe,行地址信号)传输的延迟时间;第 3 个 9 表示 RAS 预充电延迟时间,27 表示内存存或取的一个周期延迟时间。这些数值越小,表示内存的性能越好,存取速度越快。

做一做
JISUANJI ZUZHUANG
YU WEIHU
ZUOYIZUO

①系统中内存的数量等于主板内存插槽上所有内存条容量的总和,选择时要考虑哪些因素?

②不同类型的内存是否可以安装在不同的主板上?

相关知识
JISUANJI ZUZHUANG
YU WEIHU
XIANGGUANZHISHI

（1）DDR、DDR2、DDR3 三种频率关系

内存有 3 种不同的频率,即核心频率、时钟频率、有效数据传输频率。

核心频率即为内存 Cell 阵列(Memory Cell Array)的工作频率,它是内存的真实运行频率。 时钟频率即 I/O Buffer (输入/输出缓存) 的传输频率。

有效数据传输频率则是指数据传送的频率。 一般产品所标识的工作频率实际上就是内存的有效数据传输频率。

DDR 的核心频率与时钟频率相等,由于均采用时钟脉冲上升、下降沿各传一次数据,也就是说在一个时钟周期内必须传输两次数据,使得数据频率为时钟频率的两倍。 所以,DDR 的倍增系数为 2。

DDR2 一次从存储单元预取 4 bit 数据，突发传输周期（BL，Burst Length）也固定为 4，是 DDR 一次预取 2 bit，BL 为 2 的 2 倍。因此，它的时钟频率是核心频率的 2 倍，数据传输频率也是时钟频率的 2 倍。

DDR3 内存是在 DDR2 的技术基础上，一次从存储单元预取 8 bit 的数据，BL 也固定为 8，是 DDR2 一次预读 4 bit，BL 为 4 的 2 倍。因此，它的时钟频率是核心频率的 4 倍，数据传输频率也是时钟频率的 2 倍。

所以，有效数据传输频率＝核心频率×核心频率与时钟频率的倍增系数×数据传输频率与时钟频率的倍增系数。

DDR 的有效数据传输频率＝核心频率×1×2＝核心频率×2。

DDR2 的有效数据传输频率＝核心频率×2×2＝核心频率×4。

DDR3 的有效数据传输频率＝核心频率×4×2＝核心频率×8。

比如核心频率为 200 MHz 的 DDR，它的有效数据传输频率＝200 MHz×2＝400 MHz。200 MHz 的 DDR2，它的有效数据传输频率＝200 MHz×4＝800 MHz。200 MHz 的 DDR3，它的有效数据传输频率＝200 MHz×8＝1 600 MHz。

（2）DDR、DDR2、DDR3 传输标准的标识方法

传输标准是内存在一定的规范下的数据传输速度。其标识方法是规范＋数据传输带宽。例如 PC 3200 表示规范为 DDR 类型的内存数据传输带宽为 3 200 MB/s，PC2 6400 规范为 DDR2 类型的内存数据传输带宽为 6 400 MB/s，PC3 128000 规范为 DDR3 类型的内存数据传输带宽为 128 000 MB/s。

数据传输带宽的计算公式是：带宽＝内存核心频率×内存总线位数×倍增系数/8。目前的总线位数是 64 bit，而除以 8 是因为将单位 bit 转换为 Byte。例如内存核心频率都为 200 MHz 的 DDR、DDR2、DDR3 带宽值如下：

DDR 的带宽＝200×64×2/8＝3 200 MB/s

DDR2 的带宽＝200×64×4/8＝6 400 MB/s

DDR3 的带宽＝200×64×8/8＝12 800 MB/s

（3）内存的传输标准与工作频率的关系

由于目前的内存总线位数都为 64 bit，为一个定值。所以在一定的规范下，3 种类型的内存的数据传输带宽＝有效数据传输频率×8。也就是说，3 种类型的内存条的传输标准标识除了规范标识外，后面的数值是有效数据传输频率的 8 倍关系。比如核心频率为 200 MHz 的 DDR3 内存条，它的有效数据传输频率是 1 600 MHz，数据传输带宽为 128 000 MB/s，它在符合规范下的传输标准是 PC3 128000。

三、内存的常用品牌

左图是市场上常用内存的品牌商标，它们分别是金士顿、威刚、宇瞻、金邦、三星、创见、现代、金泰克、南亚易胜、胜创等内存品牌。

四、内存的选购

1.内存的选购原则

选购内存条可以从以下几方面考虑：

（1）容量

现在购买内存条以 8 GB 或 16 GB 两种为标准配置。对一般用户而言，8 GB 容量的已经完全够用了，16 GB 的内存对玩 3D 游戏的用户来说更好一些，不过目前内存价格较低，直接配置 8 GB 的内存较好。

（2）品牌

国内市场价廉物美的品牌有现代、三星和 KingMax 等。

（3）内存参数要与主板和 CPU 参数匹配

内存的工作频率、电压、类型等参数在选配时一定要参考主板或 CPU 的参数。

例如，内存传输标准是指主板所支持的内存传输带宽大小或主板所支持的内存的工作频率，这里的内存最高传输标准是指主板的芯片组默认可以支持最高的传输标准。不同主板的内存传输标准各不相同，原则上主板可以支持的内存传输标准是由芯片组决定。

选购内存的条数，要参考主板或集成内存控制器的 CPU 的相应参数来选购。例如，主板北桥芯片或内存控制器是否支持双通道，选用双通道内存的总线带宽是单根内存工作频率之和，因此，还要考虑选配工作频率多大的内存才与之匹配。

2.内存的选购思路

应按下面的思路选购内存。

①在选购计算机时,首先就必须选择适合自己的内存条参数标准,它由所选择的CPU核心、架构和主板的相应参数决定,最好参照相应产品官网上提供配对规则。

②结合用户的实际运用考虑选择内存容量大小和条数,建议按照具体应用的需求来选择容量,参照主板和CPU的技术参数支持上来选配条数,看是否需要构建双通道或三通道。不一定要最大最多的,以免增大自己的采购成本和运行维护成本。

③选购内存的品牌最好是知名大品牌,购买的商家最好是当地市场上信誉好、规模大、出货量大的商家。这样可以保障产品有良好的售后服务能力,防止购买到非正宗渠道产品。

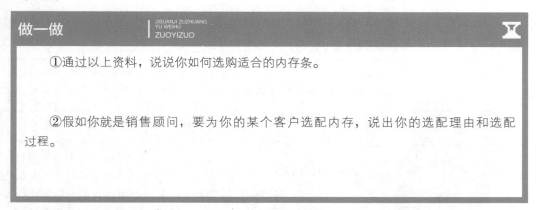

做一做 JISUANJI ZUZHUANG YU WEIHU ZUOYIZUO

①通过以上资料,说说你如何选购适合的内存条。

②假如你就是销售顾问,要为你的某个客户选配内存,说出你的选配理由和选配过程。

NO.10

微课

[任务十]

选购硬盘

硬盘主要性能指标

内存条是计算机硬件系统当中最重要的存储器。接下来需要配置的是计算机系统中最主要的存储设备——硬盘。

通过本任务的学习,要求你:

- 描述硬盘的种类;
- 描述机械硬盘和固态硬盘的组成结构和作用;
- 识别硬盘的不同接口类型;
- 描述硬盘的主要性能指标;
- 掌握硬盘的选购技巧。

一、硬盘的分类

硬盘是现代计算机系统中极为重要的设备,存储着大量的用户资料和信息。如果说内存只是数据的中转站,那么硬盘就是存放数据的仓库。

硬盘分为固态硬盘和机械硬盘。

两者比较,在性能上,固态硬盘的各项性能参数比机械硬盘更好。固态硬盘具有读写速度快、防震性强、运行无噪音、体积小、重量轻、发热少、功耗低等优点。但在数据存储的可靠性上,机械硬盘比固态硬盘更好,如其寿命更长,硬盘损坏数据可找回。

在日常使用中,我们可以两者搭配使用,将系统及应用程序存储在固态硬盘中,将资料数据存储在机械硬盘中。这样可以取长补短,发挥出两者各自的优点,从而提升计算机的综合性能。

二、认识固态硬盘

固态硬盘(Solid State Disk 或 Solid State Drive,简称 SSD)又称固态驱动器,是用固态电子存储芯片阵列制成的硬盘。

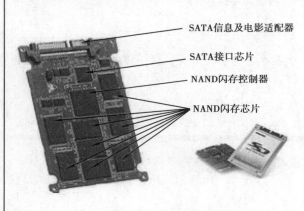

SATA信息及电影适配器
SATA接口芯片
NAND闪存控制器
NAND闪存芯片

固态硬盘的核心电子元件是固体电容,也是闪存存储器,由控制单元和存储单元组成。固态硬盘是用固态电子存储芯片阵列制成的硬盘,其芯片的工作温度范围很宽,商规产品为 0～70 ℃,工规产品为−40～85 ℃。虽然其价格较高,但也正在逐渐普及个人电脑市场。由于固态硬盘技术与传统硬盘技术不同,所以产生了不少新兴的存储器厂商。厂商只需购买 NAND 存储器,再配合适当的控制芯片,就可以制造固态硬盘了。

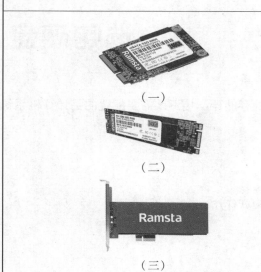

(一)

(二)

Ramsta

(三)

固态硬盘采用的接口有:SATA-2 接口、SATA-3 接口、SAS 接口、MSATA 接口(左(一)图)、M.2(NVMe)接口(左(二)图)、PCI-E 接口(左(三)图)、NGFF 接口和 CFast 接口等。

固态硬盘读写速度主要与内存结构、主控单元、接口类型、支持通道和协议有关。如同为 M.2 接口,就有支持 2 种不同数据传输通道总线的硬盘类型,使用 PCI-E 总线的固态硬盘就比使用 SATA 总线的固态硬盘性能更好。除了通道总线的区别,还有支持协议的差异带来的对性能的影响。如支持 NVMe 协议的 M.2 接口固态硬盘就比不支持该协议的固态硬盘性能更好。

三、认识机械硬盘

机械硬盘(Hard Disk Drive,HDD)即传统普通硬盘。

通过硬盘的外观,我们可以了解硬盘的品牌、尺寸大小、型号编码、存储容量、接口类型和产地等信息。

左图所示的硬盘,制造商是希捷,存储容量为2T,尺寸是 3.5 in*,产地是中国等信息。

硬盘的主要制造商有希捷、西部数据、日立、三星、东芝、富士通、迈拓等。

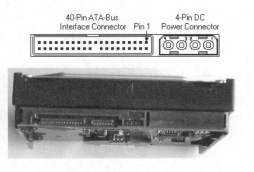

硬盘的一侧可以看到硬盘的接口,通过接口外形判断出硬盘的接口类型,左图所示的硬盘是SATA接口。接口类型不同的硬盘其采用的供电接口也不相同。

这是一根 D 型 4 针转串口电源线,上端是 D 型 4 针接口,下端是串口电源线。

---

* 1 in = 2.54 cm

	左图左边是 SATA 硬盘数据线,右是 IDE 硬盘数据线,IDE 是并口,SATA 是串口,串口 硬盘比并口硬盘的传输速率要快。
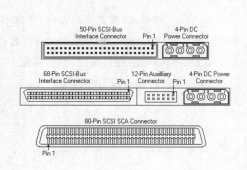	左图是 SCSI 硬盘的 3 种接口,一般用于小型计算机,它的性能要优于 IDE 和 SATA 接口硬盘。
	如左图所示,硬盘的内部结构由磁盘盘片、读写磁头、传动轴、传动手臂、主轴和其他一些元器件组成。

1.机械硬盘的组成

(1)磁头

在传动手臂的前端就是磁头,它是硬盘中最昂贵的部件,也是硬盘技术中最重要和最关键的一环,主要负责硬盘数据信号的读、写操作。

(2)磁盘片

磁盘片是存储数据信号的介质和载体。磁盘上为了便于记录数据,又分为我们肉眼看不见的磁道和扇区。

①磁道

当磁盘旋转时,磁头若保持在一个位置上,则每个磁头都会在磁盘表面划出一个圆形轨迹,这些圆形轨迹就称为磁道。它们是盘面上以特殊方式磁化了的一些磁化区,磁盘上的信息便是沿着这样的轨道存放的。相邻磁道之间并不是紧挨着的,硬盘上的磁道密度通常一面有成千上万个磁道。

②扇区

磁盘上的每个磁道被等分为若干个弧段,这些弧段便是磁盘的扇区,每个扇区可以存放 512 个字节的信息。磁盘驱动器在向磁盘读取和写入数据时,要以扇区为单位。

(3)柱面

为了增大硬盘的存储空间,通常由重叠的一组盘片构成,每个盘面都被划分为数目相等的磁道,并从外缘的"0"开始编号,具有相同编号的磁道形成一个圆柱,称之为磁盘的柱面。磁盘的柱面数与一个盘面上的磁道数是相等的。由于每个盘面都有自己的磁头,因此,盘面数等于总的磁头数。所谓硬盘的 CHS,即 Cylinder(柱面)、Head(磁头)、Sector(扇区),只要知道了硬盘的 CHS 的数目,即可确定硬盘的容量,硬盘的容量=柱面数×磁头数×扇区数×512 B。

相关知识	JISUANJI ZUZHUANG YU WEIHU XIANGGUANZHISHI

硬盘的尺寸:

- 5.25 in 硬盘:早期用于台式机,已退出历史舞台。
- 3.5 in 台式机硬盘:风头正劲,广泛用作各式计算机。
- 2.5 in 笔记本硬盘:广泛用于笔记本电脑,桌面一体机,移动硬盘及便携式硬盘播放器。
- 1.8 in 微型硬盘:广泛用于超薄笔记本电脑,移动硬盘及苹果播放器。
- 1.3 in 微型硬盘:产品单一,三星独有技术,仅用于三星的移动硬盘。
- 1.0 in 微型硬盘:最早由 IBM 公司开发, MicroDrive 微硬盘(简称 MD)。 因符合 CFII 标准,所以广泛用于单反数码相机。
- 0.85 in 微型硬盘:产品单一,日立独有技术,已知仅用于日立的一款硬盘手机。

做一做　JISUANJI ZUZHUANG YU WEIHU ZUOYIZUO

在主板上找出硬盘数据线所对应的接口。

2.机械硬盘的性能指标

产品型号	希捷 1TB SATA2 32M 7200.12/ST31000528AS（串口/散）
基本参数	
适用类型	台式机
硬盘容量	
硬盘容量/GB	1 000
单碟容量/GB	500
盘片数/张	2
硬盘接口	
接口类型	Serial ATA 2.0(3 Gbit/s)
接口速率/(MB·s^{-1})	300
缓存/MB	32
转速/(r·min^{-1})	7 200
磁头/个	4
平均寻道时间/ms	8.9
硬盘尺寸/in	3.5

产品型号	希捷 Barracuda 3TB SATA3 64M（ST3000DM001）
基本参数	
适用类型	台式机
硬盘容量	
硬盘容量/GB	3 000
单碟容量/GB	1 000
盘片数/张	3
硬盘接口	
接口类型	Serial ATA 3.0(6.0 Gbit/s)
接口速率/(MB·s^{-1})	600
传输速率	
缓存/MB	64
转速/(r·min^{-1})	7 200
平均寻道时间/ms	8.5
硬盘尺寸/in	3.5

（1）容量

作为计算机系统的数据存储器,容量是硬盘最主要的参数。

硬盘的容量以兆字节(MB)、千兆字节(GB)、万兆字节(TB)为单位,1 TB = 1 024 GB,1 GB = 1 024 MB。但硬盘厂商在标称硬盘容量时通常取 1 G = 1 000 MB,因此我们在BIOS 中或在格式化硬盘时看到的容量会比厂家的标称值要小。

硬盘的容量指标还包括硬盘的单碟容量。所谓单碟容量是指硬盘单片盘片的容量,单碟容量越大,单位成本越低,平均访问时间也越短。

（2）转速

转速(Rotationl Speed)是硬盘内电机主轴的旋转速度,也就是硬盘盘片在1 min内所能完成的最大转数。转速决定硬盘内部传输信息的快慢,是标示硬盘档次的重要参数之一,硬盘转速 RPM 表示,RPM是 Revolutions Per minute 的缩写,表示转/每分钟。此指标值越大越好。

一般硬盘为 5 400 RPM、7 200 r/min;SCSI 硬盘为 10 000 r/min、15 000 r/min。

（3）缓存

缓存(Cache Memory)是硬盘与外部总线交换数据的场所,存取速度极快。缓存的大小与速度是直接关系到硬盘的传输速度,它能够大幅度地提高硬盘的整体性能。当硬盘存取零碎数据时需要不断地在硬盘与内存之间交换数据,如果有大缓存,则可以将那些零碎数据暂存在缓存中,减少外系统的负荷,提高数据的传输速度。此指标值越大越好。

（4）平均寻道时间

平均寻道时间是指硬盘在接收到系统指令后,磁头从开始移动至数据所在的磁道所花费时间的平均值,在一定程度上体现了硬盘读取数据的能力,单位为毫秒(ms)。不同品牌、不同型号的产品其平均寻道时间也不一样,但这个时间越低则产品越好,现今主流的硬盘产品平均寻道时间一般在 8~12 ms。此指标值越小越好。

	（5）数据传输率 　　硬盘数据传输率表现出硬盘工作时数据传输速度，与硬盘的接口类型标准有关，分为外部传输率和内部传输率两种。 　　平时我们常说的 ATA66、ATA100、ATA133 等接口，就是以硬盘理论上的最大外部数据传输率来表示的。ATA100 中的 100 代表硬盘的外部数据传输率理论上最大值是 100 MB/s，ATA133 则代表外部数据传输率理论上最大值是 133 MB/s，而 SATA 接口的硬盘外部理论上数据最大传输率可达 150 MB/s，SATA2 最大值可达到 300 MB/s，SATA3 最大值可达 600 MB/s。

做一做 JISUANJI ZUZHUANG YU WEIHU ZUOYIZUO

①观察上面两个表所示的两款硬盘的性能指标，判断谁的性能更优良，并说明理由。

②平均寻道时间与单碟容量和转速之间是什么关系？

四、硬盘的选购

选购硬盘一般选择专业大厂生产的，有良好口碑的品牌，质保年限越长越好。

1.硬盘的选购原则

选购硬盘可以从以下几方面考虑：

（1）容量

容量是选购硬盘最为直观的参数。

对于用户而言，硬盘的容量就像内存一样，永远只会嫌少不会嫌多。Windows 操作系统带给我们的除了更为简便的操作外，还带来了文件大小与数量的日益膨胀，一些应用程序动辄就要占用上百兆的硬盘空间，而且还有不断增大的趋势。因此，在购买硬盘时适当的超前是明智的。为了兼顾计算机程序运行速度与数据存储的安全性，我们可选购固态硬盘+机械硬盘的模式。

（2）品牌

专业大厂生产的品牌是内在质量的保证,选择市场上的主流品牌。

（3）参数

在选购机械硬盘时,考虑接口、磁头数、碟片数、单碟容量、转速、缓存容量、平均寻道时间和数据传输率等综合因素。在选购固态硬盘时,考虑接口类型、支持通道、支持协议、内存结构及颗粒类型、主控单元性能等综合因素。

（4）稳定性

选购硬盘要考虑其稳定性。

2.硬盘的选购思路

装配一台计算机,应按下面的思路选购硬盘:

①根据自己的应用需要选择硬盘的容量。

②在同容量下选择机械硬盘时,优选单碟容量大,碟片数少,磁头数少,转速快,缓存大,平均寻道时间短,数据传输率高的硬盘型号。对于固态硬盘,主要关注数据传输率较高的型号。在确定数据传输率时,两种硬盘都还要综合考虑主板提供的硬盘接口标准。

③考虑硬盘的品牌价值和质保年限等综合因素。

④确定购买的商家,最好是信誉好、规模大、出货量大的商家。这样可以保障产品有良好的售后服务能力,防止购买到非正宗渠道产品。

⑤测试硬盘的综合性能及稳定性(在模块八中介绍具体检测方法)

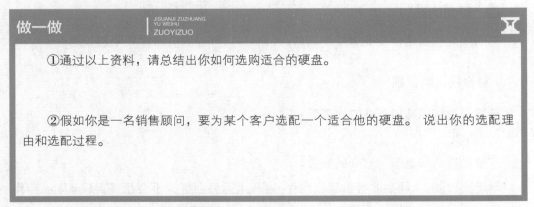

做一做 JISUANJI ZUZHUANG YU WEIHU ZUOYIZUO

①通过以上资料,请总结出你如何选购适合的硬盘。

②假如你是一名销售顾问,要为某个客户选配一个适合他的硬盘。 说出你的选配理由和选配过程。

NO.11

[任务十一]

选购光驱存储器

通过本任务的学习,要求你:

- 认识光驱的组成结构、种类和作用;
- 描述和识别光驱和光盘的类型;
- 描述各类光驱所支持光盘的种类;
- 掌握光驱的选购技巧。

一、认识光驱

光驱是光盘驱动器的简称,它是计算机是用来读写光碟内容的机器。随着多媒体的应用越来越广泛,使得光驱在台式机的诸多配件中已经成为了标准配置。光驱可以用来读写各类 CD、DVD 光盘。光驱通常可分为 CD-ROM、DVD-ROM、CD-RW、DVD-R(DVD-R/RW、DVD+R/RW)、COMBO 等,它和光盘的分类是一致的,一般用该驱动器支持的光盘类型来命名光驱。如 CD 光驱、DVD 光驱等。

1.认识光驱的结构和性能指标

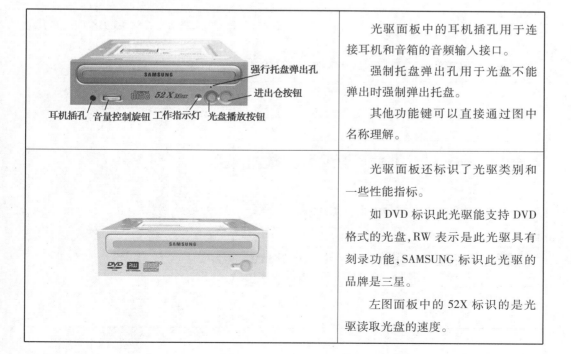

强行托盘弹出孔 进出仓按钮 耳机插孔　音量控制旋钮　工作指示灯　光盘播放按钮	光驱面板中的耳机插孔用于连接耳机和音箱的音频输入接口。 强制托盘弹出孔用于光盘不能弹出时强制弹出托盘。 其他功能键可以直接通过图中名称理解。
	光驱面板还标识了光驱类别和一些性能指标。 如 DVD 标识此光驱能支持 DVD 格式的光盘,RW 表示是此光驱具有刻录功能,SAMSUNG 标识此光驱的品牌是三星。 左图面板中的 52X 标识的是光驱读取光盘的速度。

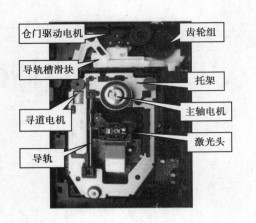

左图中间位置是光盘驱动器,驱动光盘旋转。并不是驱动其旋转越快,光驱的读写数据的速度就越快,这跟激光头的技术有很大关系。

激光头是光驱的心脏,也是最精密的部分。它主要负责数据的读取工作,因此在清理光驱内部的时候要格外小心。如左图所示。

光驱的品牌众多,主要的厂家有先锋、三星、LG、华硕、索尼、飞利浦、松下、惠普等。如左图所示。

相关知识 JISUANJI ZUZHUANG YU WEIHU XIANGGUANZHISHI

（1）不同光驱支持的光盘类型：

● CD-ROM：只能读出 CD-ROM、CD-R、CD-RW 光盘的光驱。

● DVD-ROM：只能读出 CD-ROM、CD-R、CD-RW、DVD-ROM、DVD-R/RW、DVD+R/RW 光盘的光驱。

● CD-RW：可以读出也可以写入 CD-R 、CD-RW（W 代表可反复擦写）光盘的光驱，当然也能读出 CD-ROM 的光盘。

● DVD-R/RW：可以读出也可以写入 CD-R、CD-RW、DVD-R/RW，当然也能读出 CD-ROM、DVD-ROM、DVD-R/RW 光盘。

● DVD+R/RW：可以读出也能写入 CD-R、CD-RW、DVD+R/RW，当然也能读出 CD-ROM、DVD-ROM、DVD+R/RW 光盘。

● DVD±R/RW：可以读出也可以写入 CD-R、CD-RW、DVD-R/RW、DVD+R/RW，当然也能读出 CD-ROM、DVD-ROM、DVD-R/RW、DVD+R/RW 光盘。

● COMBO：可以读出也能写入 CD-R 、CD-RW，当然也能读出 CD-ROM、CD-R、CD-RW、DVD-ROM、DVD-R/RW、DVD+R/RW 光盘。

还有一些不常用的光驱，比如 CD-R、DVD+R、DVD-R 和 DVD-RAM 等就不在这里一一介绍了。 另外，有的光驱后面又多了一个 DL 标识，表示支持双层数据光盘。

（2）光驱的速度

光驱速度是用倍速来表示的，一般光驱上标识的 52X、16X 都是标称的最快速度。 分别代表 52 倍的单倍速度和 16 倍的单倍速度。 而 CD 光驱和 DVD 光驱的单倍速传输速度并不相同，CD 为 150 kB/s，DVD 为 1 350 kB/s。 比如 52X CD-ROM 所代表的速度＝52×150 kB/s＝7 800 kB/s，16X DVD-ROM 所代表的速度＝16×1 350 kB/s＝21 600 kB/s。

做一做 JISUANJI ZUZHUANG YU WEIHU ZUOYIZUO

根据驱动的光盘类型分为 CD 光驱和 DVD 光驱，根据对光盘的刻录功能又分为只读型光驱和刻录光驱，请写出以下 4 类各自的英文标识。

● CD 光驱：

● DVD 光驱：

● 只读型光驱：

● 刻录型光驱：

2.光驱的选购

选购光驱跟选择其他部件一样,一般选择专业大厂生产的,有良好口碑的品牌。

①根据自己的应用需要选择光驱的类型。从现在的价位来看,购买 DVD 刻录光驱成了首选,并注意购买流行标准格式的光驱。

②在相同类型的光驱选购中,注意光驱所支持的不同光盘的读写速度、缓存大小,它们参数是越大越好。由于光驱属于磨损较强的配件,因此容错性、风噪控制、使用寿命等都是需要综合考虑的因素。目前市场上的主流光驱多为 48 速或 52 速的 CD-ROM 读取速度,16 速的 DVD 读取速度,具有人工智能纠错功能,采用全钢机芯。除此之外,还要考虑光驱的接口要和所选配的主板支持的接口相符合。

③考虑光驱的品牌价值和质保年限等综合因素。注意购买专业大厂生产的品牌。

④确定购买的商家最好是信誉好、规模大、出货量大的商家。这样可以保障产品有良好的售后服务能力,防止购买到非正宗渠道产品。

相关知识 JISUANJI ZUZHUANG YU WEIHU / XIANGGUANZHISHI 🔍

选购 DVD 刻录光驱

（1）稳定性

DVD 刻录机在刻录和读取光盘时,对刻录机的稳定性有较高的要求,关注防刻死技术正是 DVD 刻录机稳定性提高的一个体现。

（2）缓存

最初的刻录机在防刻死技术方面不是非常注重,因此缓存的大小对刻盘成功率有着至关重要的影响,不过现在缓存的作用越来越小了。 大缓存可以有效避免缓存降低带来的刻录速度下降。 现在市场主流的刻录机基本都采用了 8 MB 缓存,少数机型还是 2 MB,而价格相差并不大,因此建议大家在购买刻录机时选用 8 MB 缓存的产品。

（3）散热

刻录机在工作状态下都处于高速运转中,因此产生极大的热量,如果刻录机的散热效果不好,一方面刻录机的激光头寿命会大大缩减;另一方面刻录盘由于受热很容易变形,造成光盘碎裂。 因此在购买刻录机时要注意机身在散热方面的处理手段是否合理。 如一些厂商在面板增加散热孔,有的甚至配备散热风扇。

（4）兼容性

由于现在 DVD 刻录盘在制作上没有形成统一的标准,因此造成很多刻录机与刻录盘不兼容的问题,在选购时一定要认清刻录机可兼容的盘片规格,当然可兼容的类别越多越好。

（5）保质期

DVD 刻录机实际是一种易耗品，尤其是一些使用频率高的用户，刻录机的使用寿命就显得很重要。市场中一般品牌刻录机保质期在 3 个月，多的为 1 年，而一些知名品牌保质期长达 3 年。因此在选购时大家可以根据各自的应用频率、刻录机的损耗选择相应的保质期限。

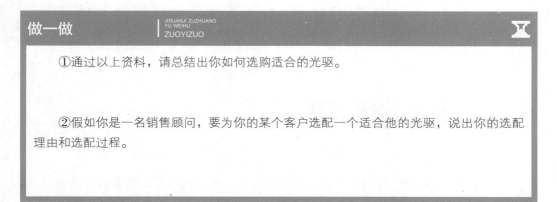

做一做　JISUANJI ZUZHUANG YU WEIHU ZUOYIZUO

①通过以上资料，请总结出你如何选购适合的光驱。

②假如你是一名销售顾问，要为你的某个客户选配一个适合他的光驱，说出你的选配理由和选配过程。

二、认识光盘

光盘分为 CD 和 DVD 两大类，这与所支持的光驱相对应。光盘的主要性能是光盘的类型和光盘的容量。

一张 CD-ROM 的容量通常为 640 MB，而一张 DVD-ROM 的容量通常在 2 GB 以上。单面单层 4.7 GB，也称 DVD-5；单面双层 8.5 GB，也称 DVD-9；双面单层 9.4 GB，也称 DVD-10；双面双层 17 GB，也称 DVD-18。实际上，目前可以购买的都是单面单层 4.7 GB 的 DVD-ROM。

CD 表示 CD 光盘，DVD 表示 DVD 光盘。后缀为 R 的光盘是可写光盘，可以把数据一次或多次写入光盘，但不能删除或修改。后缀为 RW 的光盘是可擦写光盘，用户可以删除数据后重新写入数据，但不能选择性的删除数据，只能完全删除。

光盘的尺寸有 12 cm（直径）和 8 cm（直径）两种，如左图所示。

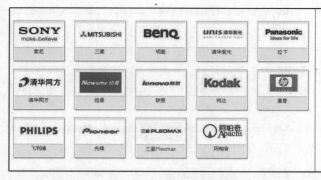

光盘的主要生产厂商有索尼、三菱、明基、清华紫光、松下、清华同方等,如左图所示。

[任务十二]

认识移动存储器

为了存储数据的便捷性和灵活性,在存储设备中有一类可移动数据的存储设备,如移动硬盘、U 盘等。

通过本任务的学习,要求你:

- 认识移动存储器的种类;
- 描述闪存存储器的优点;
- 描述移动硬盘的优点。

一、认识闪存存储器

用闪存制造出的各种存储器称为闪存存储器,它是一种寿命长的非易失性(在断电情况下仍能保持所存储的数据信息)的存储器。常用来保存设置信息,如计算机中的 BIOS(基本输入输出程序)、PDA(个人数字助理)、数码相机储存卡等。

闪存的优点:

①体积小。

②相对于硬盘来说,闪存结构不怕震,更抗摔。

③闪存可以提供更快的数据读取速度,硬盘则受到转速的限制。

④质量轻。

USB Flash Disk 也称 U 盘（优盘），早期是一种用来替代软盘的可移动数据存储设备，如左图所示。U 盘发展到今天已经具有容量大、读写速度快、便于携带等优点。它主要通过 USB 接口与计算机相连。

U 盘的内核是一种半导体存储芯片（FLASH MEMORY——闪存），写在闪存上的数据可以长期保存，断电后不会丢失。其容量从 16 MB 至几十 GB。

USB1.1 接口能提供 12 Mbit/s；USB 2.0 接口能提供 480 Mbit/s 的数据传输率；USB 3.0 理论数据传输率最高达 5 GB/s。

闪存卡（Flash Card）也是采用闪存技术制造的存储器，一般应用在数码相机，掌上电脑，MP3 等小型数码产品中作为存储介质，所以设计制造出的样子小巧，如一张卡片，所以称之为闪存卡。各厂商生产的闪存卡如左图所示。闪存卡大概有 Compact Flash（CF 卡）、MultiMediaCard（MMC 卡）、Secure Digital（SD 卡）、SmartMedia（SM 卡）、XD-Picture Card（XD 卡）、Memory Stick（记忆棒）。这些闪存卡虽然外观、规格不同，但是技术原理都是相同的。

二、认识移动硬盘

移动硬盘（Mobile Hard disk）是以硬盘为存储介质，存储需要移动的大容量数据并强调便携性的存储产品。

移动硬盘具有容量大、传输速度高、使用方便等优点。

市场上绝大多数的移动硬盘都是以标准硬盘（多采用 2.5 in 硬盘）和固态硬盘为基础，如左图所示。而只有很少部分的是以微型硬盘（1.8 in 硬盘等）。

因为采用硬盘为存储介质，因此移动硬盘在数据的读写模式与标准 IDE、SATA 接口硬盘是相同的，它的很多性能指标都可参照硬盘的性能指标（机械硬盘：容量、转速、缓存、数据传输带宽等；固态硬盘：容量、数据传输带宽等）。

由于移动硬盘具有的便捷携带性，因此新型移动硬盘的外部接口多采用 USB 3.0 接口和 USB Type-C 接口，以达到即插即用及较快的数据传输速度。

[任务十三]   NO.13

选购显卡

显卡也称为显示适配器。其作用是将 CPU 送来的影像数据必须处理成显示器可以识别的格式,再送到显示屏上形成影像,是连接显示器和主机的重要部件。

通过本任务的学习,要求你:

- 能认识显卡的组成和作用;
- 描述显卡的各组成部件的特性和技术参数;
- 了解显卡的主要生产厂家;
- 掌握显卡的选购技巧。

一、认识显卡的组成

显卡的结构类似集成了 CPU 的主板,不过功能上它只具有单一的影像数据处理功能。

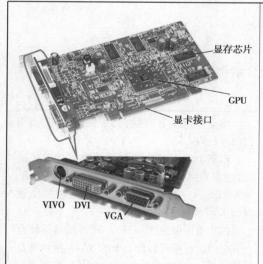

显卡由 GPU、显存、显卡 BIOS、PCB 板等主要部件组成,如左图所示。

(1)GPU

GPU(类似于计算机的 CPU)全称是 Graphic Processing Unit,中文翻译为"图形处理器",是整个显卡的核心。它的性能好坏直接决定了显卡性能的好坏,其主要任务就是处理系统输入的视频信息,并对其进行构建、渲染等工作。

(2)显存

显存(类似于计算机的内存)是显示内存的简称。其主要功能就是暂时将储存显示芯片要处理的数据和处理完毕的数据。

(3)显卡 BIOS

显卡 BIOS(类似于主板的 BIOS)主要用于存放显示芯片与驱动程序之间的控制程序,另外还存有显示卡的型号、规格、生产厂家及出厂时间等信息。

(4)显卡 PCB 板

显卡 PCB 板(类似于主板的 PCB 板)是显卡的电路板,它把显卡上的其他部件连接起来。

显存芯片

GPU

显卡接口

VIVO　DVI　VGA

接口类型是指显卡与主板连接所采用的接口种类,它决定着显卡与系统之间数据传输的最大带宽,也就是瞬间所能传输的最大数据量。不同的接口能为显卡带来不同的性能,也决定主板是否能够使用此显卡(只有在主板上有相应接口的情况下,显卡才能使用)。显卡发展至今出现有 ISA、PCI、AGP、PCI Express X16,所能提供的数据带宽依次增加。现在主流的接口类型是 PCI Express X16,如左图所示。

VGA 接口就是显卡上输出模拟信号的接口,它一般只使用于低端显卡,如左图所示。

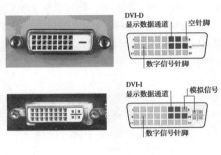

DVI 接口是 1999 年由数字显示工作组 DDWG(Digital Display Working Group)推出的接口标准,是 Digital Visual Interface 的缩写,其造型是一个 24 针的接插件,是专为 LCD 显示器这样的数字显示设备设计的。

DVI 接口有多种规格,分为 DVI-A、DVI-D 和 DVI-I 3 种。DVI-A 其实就是 VGA 接口标准,所以带有 DVI 接口的液晶显示器也并不一定就是真正的数字液晶显示器。DVI-D 则实现了真正的数字信号传输,如左上图所示。DVI-I 包含上述两个接口,如左中图所示。当 DVI-I 接 VGA 设备时,就是起到了 DVI-A 的作用;当 DVI-I 接 DVI-D 设备时,便起了 DVI-D 的作用。为了兼容传统的模拟显示设备,现在的大部分显卡都采用了 24 针数字信号针脚和 5 针模拟信号针脚的 DVI-I 接口,而现在有的厂商生产的高性能显卡拥有 DVI-D 和 DVI-I 两种接口,我们把它称为双 DVI 接口显卡,如左下图所示。

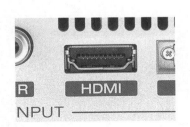

HDMI 接口是高清晰度多媒体接口(英文:High Definition Multimedia Interface)是一种数字化视频/音频接口技术,是适合影像传输的专用型数字化接口,其可同时传送音频和影像信号,HDMI 2.1 规格最高数据传输速度为48 GB/s。

与 DVI 只能传输视频信号相比,HDMI 接口可以传输音视频信号,而且体积更小,线缆长度最佳距离均不超过 8 米。只要一条 HDMI 缆线,就可以取代 13 条模拟传输线。

	DisplayPort(简称 DP)是一个由 PC 及芯片制造商联盟开发的视频电子标准协会(VESA)标准化的数字式视频接口标准。该接口免认证、免授权,主要用于视频源与显示器等设备的连接,并也支持携带音频、USB 和其他形式的数据。接口外观如左图中第二排第一个接口所示。 此接口的设计是为取代传统的 VGA、DVI 和 FPD-Link(LVDS)接口。通过主动或被动适配器,该接口可与传统接口(如 HDMI 和 DVI)向后兼容。2019 年推出了 DisplayPort 2.0 接口协议,DP 2.0 的传输带宽高达 80 Gbps,是 DP1.4 的 2.5 倍,是 HDMI 2.1 的 1.6 倍。
	左图左端为 RCA 接口,右端为 S 端子。 TV-Out 接口是用于连接电视机视频信号线,有 RCA 接口、S-Video 接口和 RF 射频端子接口 3 种,分别对应 3 种电视机视频接口。 除电视卡和视频捕捉卡外,显卡是很少带 Video-In 接口的。
	VIVO 接口其实就是一种扩展的 S 端子接口,用显卡附带的 VIVO 连接线,就能够实现 S 端子输入与 S 端子输出功能,如左图所示。
	3D API 是指显卡与 3D 应用程序直接的接口,它能让编程人员所设计的 3D 软件调用其 API 内的程序,让 API 自动和硬件的驱动程序沟通,启动 3D 芯片内强大的 3D 图形处理功能,从而大幅度地提高了 3D 程序的运行速度和效果。目前个人计算机中主要应用的 3D API 有 DirectX 和 OpenGL,如左图所示。

二、认识显卡主要技术的性能指标

1.显示芯片

显示芯片包括型号、版本级别、开发代号、制造工艺、核心频率、GPU 等性能指标。GPU 型号是 GPU 厂商制造时为其的命名。如 Radeon HD5870 就是 AMD(ATI)公司为其某款产品的命名。一般同字母标识后的数字越大技术越新性能就越好。

版本级别是 GPU 厂商对某款产品为区分高低档次而在型号后加的标识。

开发代号是厂商对自己生产的每个产品的唯一身份标识,便于验证产品的供货渠道,是否是行货。

制造工艺是指制造芯片集成时晶体管门电路的尺寸,比如多少 nm(纳米)。同 CPU 一样,此值越小表明集成化程度越高,性能也就越好。

核心频率同 CPU 的主频,一般在同一开发平台架构下,主频越高性能越好。

2.显存

显存包括类型、位宽、容量、封装类型、速度、频率等性能指标。

● 容量:单位为 GB,一般在同类型中显存容量越大越好。

● 频率:在类型相同时影响显存工作的速度,一般要与 GPU 的频率匹配,在 GPU 支持范围内该值越大越好。

● 位宽:一般类型相同的显存位宽要满足 GPU 的位宽需求,单位 bit。带宽越大存储速度也就越快。

市面上的显卡大部分采用的是 GDDR 显存,随着技术的进步,已发展到 GDDR6。显存主要由传统的内存制造商提供,如三星、现代、Kingston 等。

3.显像技术

显像技术包括像素渲染管线、顶点着色引擎数、3D API、RAMDAC 频率及支持 MAX 分辨率等性能指标。

像素渲染管线、顶点着色引擎数是成像技术,两数值越大对显示图形图像的质量也就越好,越细腻。

3D API 的图形程序接口技术是 3D 程序的运行速度和效果的保障,用户要根据所使用的 3D 程序开发或使用平台来具体地选择 3D API 中的某项具体的接口技术,当然能支持所有最新的 3D API 技术最好。

RAMDAC 是完成数字视频信号到模拟信号的转换的部件,它的频率直接影响转换成模拟信号的质量。一般情况下,该频率越高越好。

MAX 分辨率是我们常说的最大分辨率,该频率越高越好。

4.PCB 板

PCB 板的性能指标包括 PCB 层数、显卡接口、输出接口、散热装置等,这里的前 3 个参数前面已经介绍过,其散热装置主要是指 GPU 上的散导热金属和风扇,另外还有显存上的导热金属,一般显卡上的导热金属都大面积地覆盖了整个 GPU 和显存。

三、显卡的主要厂商

GPU 的生产主要厂商有 NVIDIA 与 AMD(ATI)两家。而显卡厂商一般不生产 GPU,这同芯片主厂商不生产主板的原因一样。

生产显卡的厂商有很多,主流的品牌如左图所示。

四、其他类型的显卡

1.整合型显卡

随着计算机的普及和现代化办公的需要,很多用户并不需要高性能的独立显卡,只需要一般的多媒体处理,并且可以降低成本,这样集成显卡的使用也就得到了推广。一般集成显卡也就是在主板的芯片组中或 CPU 中整合了显示核心,并且将相关的元器件及电路都集成到里面。一般集成显卡是不自带显存的,而是使用动态分配内存条中的容量。当然对于 3D 游戏用户和图形设计用户是不会选用集成显卡。

2.多核心显卡

显卡上集成了两个或两个以上的 GPU,即为 GPU 采用的是双核心和多核心,或在主板上支持整合连接两张或多张显卡共同工作。

	SLI 和 CrossFire 分别是 Nvidia 和 ATI 两家的双卡或多卡互联工作组模式,其本质是差不多的,只是叫法不同。SLI Scan Line Interlace(扫描线交错)技术是将两块显卡"连接"在一起获得"双倍"的性能。 CrossFire,中文名为交叉火力,简称交火,是 ATI 的一款多重 GPU 技术,可让多张显示卡同时在一部计算机上并排使用,增加运算效能,与 NVIDIA 的 SLI 技术竞争。
	双核心显卡或多核心显卡,是在主板上集成了两块或者是多块 GPU,其主要用于专业的图形图像处理领域,如左图所示。

五、显卡的选购

选购显卡应该从以下几方面来考虑:

(1)接口

根据主板来选购匹配接口的显卡,如主板磐正 EP-9NPA+ Ultra 的显卡接口是 PCI-E 16X,就不能选用 AGP 的接口显卡。

(2)显示芯片

根据显示功能的需求选购适合的 GPU,如选购一台家用游戏型计算机,就可以选择 3D 处理功能较强的 GPU。家用娱乐性显卡一般采用单芯片设计的显示芯片,而在部分专业的工作站上一般采用多个显示芯片组合的方式。现在家庭娱乐也出现了高端的双核显卡,还有双显卡和多显卡合并处理 3D 的显卡技术。

(3)显存、位宽等性能指标

①与同类型的显卡相比较,显存越大越好。分辨率、颜色数、刷新频率、传输带宽等参数,也是越大越好,但目前市场上主流显卡的这些参数远远高于主流显示器的性能。

②考虑性价比,依据前面确定的基本性能参数选购品牌显卡。

③将所买的显卡在最后组装成完整的 PC 系统中通过软件(如 3DMARK)进行测试,观察显卡的测试过程、结果以及稳定性。

微课

显示器主要
性能指标

[任务十四]

选购显示器

显示器(Display)是将计算机的数字信息以图形、文字的形式输出,是计算机中重要的人机交互设备之一。

通过本任务的学习,要求你:

- 识别显示器的类型;
- 重点掌握 LCD 显示器的主要性能指标;
- 掌握选购 LCD 显示器的方法。

一、认识 LCD 显示器及其主要参数

LCD 英文全称为 Liquid Crystal Display,它是一种采用了液晶控制透光度技术来实现色彩的显示器。随着 LCD 技术的发展,LCD 显示器已经取代 CRT 显示器成为市场的主流显示器。

1.认识 LCD 的结构和优点

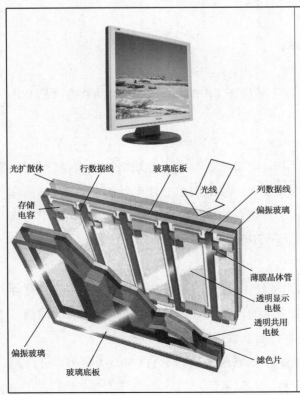

光扩散体　行数据线　玻璃底板
光线
列数据线
存储
电容
偏振玻璃
薄膜晶体管
透明显示
电极
透明共用
电极
偏振玻璃
滤色片
玻璃底板

LCD 有以下优点:

①通过是否透光来控制亮或暗,对于画面稳定、无闪烁感的液晶显示器,即使信号源的刷新率不高,图像也很稳定。

②LCD 显示器还通过液晶控制透光度的技术原理让底板整体发光,所以它做到了真正的完全平面。

③辐射较小。

④体积小、能耗低也是 CRT 显示器无法比拟的,一般一台 15 in LCD 显示器的耗电量也就相当于 17 in 纯平 CRT 显示器的 1/3。

⑤同尺寸下 LCD 的可视面积要大于 CRT 的可视面积。

2.了解 LCD 的性能参数

产品型号	飞利浦 215i2SB 参数
外观设计	
外观颜色	黑色
显示屏	
显示屏尺寸	21.5 in
是否宽屏	是
屏幕比例	16∶9
面板特征	
面板类型	TN
背光类型	CCFL 背光
亮度	250 cd/m^2
对比度	25 000∶1
黑白响应时间	5 ms
最佳分辨率	1 920×1 080
输入输出	
接口类型	D-Sub,DVI-D
即插即用	支持
电源功耗	
消耗功率	17.2 W
其他性能	
上市时间	2010 年 05 月
其他性能	自动调整 4∶3 和 16∶9 屏幕比例规格
其他特点	选配保护屏,安全防盗锁底座

外观设计	
外观颜色	黑色烤漆
显示屏	
显示屏尺寸	21.5 in
是否宽屏	是
屏幕比例	16∶9
面板特征	
背光类型	CCFL 背光
对比度	70 000∶1
最佳分辨率	1 920×1 080
输入输出	
接口类型	D-Sub/DVI-D/HDMI
即插即用	支持

（1）屏幕尺寸

液晶显示器由于标注的尺寸就是实际屏幕显示的尺寸,所以 15 in 的液晶显示器的可视面积接近 17 in 的纯平显示器。另外,显示屏幕还有一个屏幕比例的参数,用来表示屏幕的长宽比。如 16∶9,16∶10 是宽屏比例,4∶3 是标屏比例。

（2）点距

LCD 显示器的像素间距（Pixel Pitch）的意义类似于 CRT 的点距（Dot Pitch）,它的像素数量则是固定的。在尺寸与分辨率都相同的情况下,大多数液晶显示器的像素间距基本相同。分辨率为 1 280×1 024 的 17 in LCD 显示器,其像素间距均为 0.264 mm。

（3）亮度

亮度是指画面的明亮程度。目前提高亮度的方法有两种:一种是提高 LCD 面板的光通过率;另一种就是增加背景灯光的亮度,即增加灯管数量。

较亮的产品不一定就是较好的产品,显示器画面太亮常常会引起视觉疲劳,同时也使纯黑与纯白的对比降低,影响色阶和灰阶的表现。其实亮度的均匀性也非常重要。品质较佳的显示器,画面亮度均匀,无明显的暗区。

（4）对比度

对比度则是屏幕上同一点最亮时（白色）与最暗时（黑色）的亮度的比值,高的对比度意味着相对较高的亮度和呈现颜色的艳丽程度。

（5）黑白响应时间

黑白响应时间是液晶显示器各像素点对输入信号反应的速度,即像素由暗转亮或由亮转暗所需要的时间,常提到的 16 ms,12 ms 就是指的这个响应时间,响应时间越短,使用者在观看动态画面时就越不会有尾影拖曳的感觉。

其他性能	
其他性能	具备两个新的功能：magic Angle、magic Eco。magic Angle 使得使用者可以在躺着仰视或从下方观看屏幕时，显示效果也和平视时一样好。而 magic Eco 功能，使用热键可以启动节能模式，有关闭、50%、75%、100%四种节能模式，通过调节亮度降低能耗。

（6）扫描频率

扫描频率是指显示器单位时间内接收信号并对画面进行更新的次数。由于 LCD 显示器像素的亮灭状态只有在画面内容改变时才会发现变化，因此即使扫描频率很低，也能保证稳定地显示，一般选择 60 Hz。所以液晶显示器的刷新频率并不是一个重要的参数。

（7）带宽

LCD 的带宽与 CRT 的带宽描述基本相同。带宽越大，则表明显示控制能力越强，显示效果也就越佳。

（8）分辨率

传统的 CRT 显示器支持的分辨率较有弹性，而 LCD 的像素间距已经固定，所以支持的显示模式没有 CRT 多。LCD 的最佳分辨率，也称最大分辨率，在该分辨率下，液晶显示器才能显现最佳影像。目前 15 in LCD 的最佳分辨率为 1 024×768，17～19 in 的最佳分辨率通常为 1 280×1 024。22 in 和 24 in 的最佳分辨率分别为 1 680×1 050 和 1 920×1 080。另外，还有一种 2K、3K、4K……8K 的分辨率表示方式。这种表示方式是指屏幕的横向像素达到了某种级别。如 2K 就表示屏幕横向像素达到 2 000 以上。

相关知识
JISUANJI ZUZHUANG
YU WEIHU
XIANGGUANZHISHI

液晶屏幕上的每一个点，即一个像素，它都是由红、绿、蓝（RGB）3 个子像素组成。要实现画面色彩的变化，就必须对 RGB3 个子像素分别做出不同的明暗度的控制，以调配出不同的色彩。这中间明暗度的层次越多，所能够呈现的画面效果也就越细腻。以 8 位的面板为例，它能表现出 256 个亮度层次（2^8），称之为 256 灰阶，对每次灰阶变化的间隔时间称为灰阶响应时间。

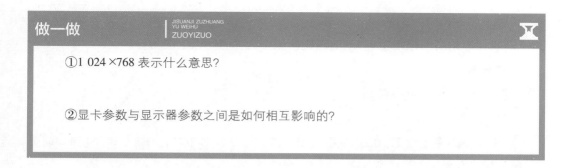

做一做

JISUANJI ZUZHUANG
YU WEIHU
ZUOYIZUO

①1 024×768 表示什么意思？

②显卡参数与显示器参数之间是如何相互影响的？

二、其他类型的显示器

除了 LCD 显示器外,还有等离子体显示器和 OLED 显示器等类型。

	等离子体(PDP)显示器,是一种利用气体放电的显示技术,其工作原理与日光灯很相似,如左图所示。显示图像的中心和边缘完全一致,不会出现扭曲现象,外界的电场也不会对其产生干扰,具有较好的环境适应性。没有视角和亮度均匀性问题,图像清晰稳定无闪烁,也没有 X 射线辐射。PDP 最突出的特点是在实现大屏幕的同时,还可以做到超薄。
	OLED 显示器,即有机发光二极管显示器,如左图所示。与 LCD 相比,它具有超轻、超薄、亮度高、可视角大、像素发光、功耗低、响应速度快、清晰度高、发热量低、抗震性能优异、可弯曲、制造成本低(塑料制作)等特点。

三、显示器的选购

目前,市场上的主流显示器是 LCD 液晶显示器。以下是 LCD 显示器选购的具体因素。

(1)品质和尺寸大小

专业大厂的产品是质量的保证,其尺寸以 17~24 in 的较为合适。

（2）刷新频率

刷新频率越高图像越稳定，当前以刷新频率为 85 Hz 以上的为好。

（3）分辨率

显示器的分辨率越高越好。

（4）点距

点距越小图像越细腻，如选购 17 in 的 LCD 液晶显示器时，点距为 0.264 mm 或更小，显示效果会更好。

（5）软件测试

将所买的显示器在组装成完整的 PC 系统后通过软件（如 NokiaMT 等）进行测试，观察显示器的测试过程、结果以及稳定性。

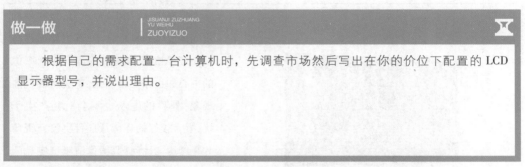

做一做 JISUANJI ZUZHUANG YU WEIHU ZUOYIZUO

　　根据自己的需求配置一台计算机时，先调查市场然后写出在你的价位下配置的 LCD 显示器型号，并说出理由。

微课

声卡与音箱的选购

［任务十五］

NO.15

选购声卡

作为多媒体计算机，除了能处理文字、图形、图像外，还要能处理声音等，这就要用到处理声音的声卡和还原声音的音箱。

声卡是多媒体技术中最基本的组成部分，其作用是实现计算机数字信号与声音模拟信号之间的转换。

通过本任务的学习，要求你：

· 能认识声卡的组成；

· 描述声卡的作用；

· 描述声卡的主要性能指标；

· 掌握选购声卡的技巧。

一、认识声卡的类型

声卡分为集成声卡和扩展声卡两种。

	通过前面的学习,我们对集成声卡已经不陌生了,在前面认识主板时已经作过介绍,如左图所示是声卡中的核心部件声卡芯片。
	扩展声卡有低、中、高各种档次的产品,售价从几十到上千元不等。扩展声卡接口为主板的各种总线接口,如左图所示。其特点是具有独立处理音效和声音数据的 DSP 芯片,对 CPU 的依赖少于集成声卡。

二、认识声卡的性能指标

声卡的性能指标包括声道数、音频采样、声卡音频和外部接口等参数,其外部接口见下图所示。

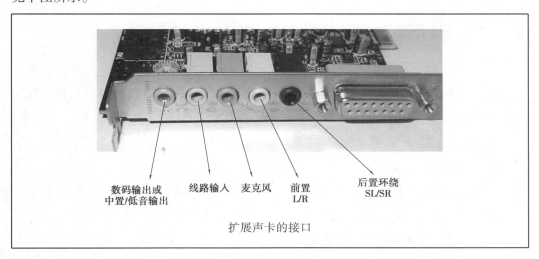

扩展声卡的接口

（1）声道数

声卡所支持的声道数是衡量声卡档次的重要指标之一，2.1~7.1 的环绕立体声，应根据需求进行选择。X.1 中的 1 就是单独增加的一个重低音音箱，X 就是声道数，是对各种环绕采样的重放或特效模拟，声道数越多，从各个方位听感越强。

（2）声音采样

声卡主要的作用之一是对声音信息进行录制与回放，在这个过程中采样的位数和采样的频率决定了声音采集的质量。采样的位数和采样的频率越大越好。

（3）声卡音效

声卡音效是通过音效处理芯片和相应软件进行模拟环境声音效果的模拟音效。如创新的 EAX 音效等。

（4）声卡接口

声卡的外部接口有音频输入输出接口、MIC 接口、数字音频输出接口、MIDI 游戏柄接口，如上图所示。

三、声卡的选购

一般多媒体计算机用户选购集成声卡也就足够了（在选购主板时要关注集成声卡性能）；有特殊要求的用户可以选购高性能的扩展声卡。一般选用有良好口碑的品牌声卡，如创新、华硕等。

［任务十六］

NO.16

选购音箱

音箱在我们日常生活中无处不在，其种类和结构很多，这里主要针对计算机的有源音箱来进行介绍。

通过本任务的学习，要求你：

- 认识音箱的组成；

- 描述音箱的作用；

- 描述音箱的主要性能指标；

- 了解计算机有源音箱的主要生产厂家。

音箱是将音频信号还原成声音信号的一种装置，音箱包括箱体、喇叭单元、分频器、吸音材料 4 个部分。下面通过图片和文字资料来认识音箱的性能指标。

一、音箱箱体材料

现在市面上常见的计算机音箱根据箱体材料来分主要有塑料和木质两类。一般木质箱体较塑料箱体声音还原好。

<table>
<tr>
<td></td>
<td>现在的木质音箱中低价位的大多采用的是中密板作为箱体材质,而高价位大多采用真正的纯木板作为箱体材料,如左图所示。箱体密封性、箱体木板的厚度、木板之间结合紧密程度都会影响音箱的音质,要避免箱体共振。</td>
</tr>
<tr>
<td></td>
<td>塑料的优点是加工容易,外形比较好看,成本低,如左图所示。音质方面与木质音箱相比要差一些。</td>
</tr>
</table>

二、功率

音箱音质的好坏与功率没有直接的关系。功率决定音箱所能发出的最大声强,也就是音箱发出的声音能有多大的震撼力。

三、声道数

音箱数量与声道数一一对应。对于带有低音炮的多声道有源音箱,X.1 中的 X 代表环绕音箱的个数,常见的有 2,4,5;后一个数字 1 指低音炮。2 是双声道立体声,一般用 R 代表右声道,L 代表左声道。4 是四点定位的四声道环绕,用 FR 代表前置右声道,用 FL 代表前置左声道,用 RR 代表后置右声道,用 RL 代表后置左声道。5 是在四声道的基础上增加了中置声道,用 C 表示。根据声场定位可分为:2.0,2.1,4.1,5.1,6.1,7.1音箱。

四、音箱的品牌

音箱的品牌众多，左图只给出了一部分的品牌商标，选购音箱时参考市场上的主流音箱品牌，比如漫步者、麦博、三诺、创新等。

做一做
JISUANJI ZUZHUANG YU WEIHU
ZUOYIZUO

总结出选购音箱有哪些注意事项？

微课

键盘和鼠标的选购

[任务十七]

NO.17

选购键盘和鼠标

人与计算机进行人机交互少不了输入、输出设备。显卡和显示器作为输出设备，其作用是将信息从计算机传达给用户；而键盘和鼠标作为输入设备，其作用是将用户的指令传达给计算机。

通过本任务的学习，要求你：

- 认识各类键盘、鼠标的接口类型；
- 描述键盘和鼠标的作用；
- 掌握键盘与鼠标的一些选购技巧。

一、认识键盘

键盘是计算机系统中最基本的输入设备,早期的计算机用户就只有依靠键盘来完成计算机的操作。

1.认识键盘的种类和作用

	市场上主流的键盘按键位数一般采用 104 键,常用的还有 107 键(如左图所示)和 110 键等多种不同的键盘。键盘多出来的键位是一些编辑功能键,对键盘使用没有实质性的影响,所以在选购键盘时不用特意去注意键盘的键位数。
	左图所示的键盘是符合人体工程学设计的键盘,这种设计可以使操作者采用舒适、自然的姿势进行操作。

2.认识键盘的接口

键盘采用串行接口,早期常用的是 COM 接口、AT 接口,现在多用 PS/2 接口和 USB 接口。

键盘接口主要有 USB 和 PS/2 接口,它们在使用方面差别不大,由于 USB 接口支持热插拔,因此 USB 接口键盘在使用中更方便一些。但是计算机底层硬件对 PS/2 接口支持得更完善一些,因此如果计算机遇到某些故障,使用 PS/2 接口的键盘兼容性更好一些。

主流的键盘既有使用 PS/2 接口的,也有使用 USB 接口的,购买时根据需要选择。各种键盘接口之间可以通过特定的转接头或转接线实现转换,如左图所示。

为了键盘摆放位置不受线的束缚,可使用无线键盘。无线键盘有 2.4 GHz 频段和蓝牙两种连接方式。选用 2.4 GHz 方式连接的键盘还需要一个 USB 接口的无线接收器。

3.键盘的选购

键盘的作用是输入字符,选购时参数不太重要,关键是手感和质量。

(1)操作手感

手感好的键盘可以使打字的手指不过于疲劳,从而提高学习和工作效率。键盘按结构分为机械式和电容式两种,它们的手感完全不同。一般说来,电容式的手感更为好一些,不像机械式那样生硬,总体来说,一款好的键盘应该是弹性适中,按键无晃动,按键弹起速度快,灵敏度高。静音键盘在按下与弹起时应该是接近无声的。

(2)键盘做工

做工的好坏会直接影响到它的使用寿命与对手指所造成的伤害。一款做工好的键盘应该是用料讲究、研磨得比较好、无毛刺、无异常凸起、无松动以及键帽上的字母清晰,耐磨性好等。有些键盘为了防止意外进水,还设置了导水槽,可使键盘免受水的损害。

(3)接口类型

目前键盘大多为 PS/2 和 USB 接口的,PS/2 接口的键盘最普遍,几乎所有主板上都有支持它的接口。USB 键盘的最大优点是即插即用,比较方便。另外,还可选用不受位置限制的无线键盘。

(4)舒适度

键盘现在有带托盘的、不带托盘的及人体工程学键盘等。带托盘的键盘可以缓解腕部的疲劳;人体工程学键盘是把普通键盘分成两部分,并呈一定角度展开,以适应人手的角度,输入者不必弯曲手腕,可以有效地减少腕部疲劳。托盘式键盘适合大量输入的用户,比如打字员等。人体工程学键盘虽说是未来的主流,但价格偏高。

(5)品牌

选购键盘时,最好选择品牌键盘,如 ACER、爱国者、三星等,这些键盘除了具有良好的性价比,还有良好的操作舒适性。

二、认识鼠标

鼠标的全称是显示系统纵横位置指示器,因形似老鼠而得名"鼠标"。鼠标的标准称呼应该是"鼠标器",英文名"Mouse"。使用鼠标是为了使计算机的操作更加简便,代替键盘烦琐的指令。

1.鼠标简介

随着窗口化界面的普及,鼠标成为不可缺少的输入设备。

	从原始鼠标、机械鼠标、光机鼠标、光电鼠标再到如今的激光鼠标，鼠标技术经历了漫漫征途。 左上图是光机鼠标，它包括光学感应器、光电鼠标的控制芯片、发光二极管、轻触式按键、滚轮、机械球、纵横滚轮技术、集成电路板等元器件。 左下图是光电鼠标，它包括光学感应器、光电鼠标的控制芯片、光学透镜组件、发光二极管、轻触式按键、滚轮、集成电路板等元器件。 激光鼠标其实也是光电鼠标，只不过是用激光代替了普通的 LED 光，其好处是可以通过更多的表面，使其定位更精确。 激光鼠标性能最佳，诸多优点使它成为光电鼠标和光机鼠标无可争议的接替者。光学控制部件的更新换代带来更高的精度、更快的速度以及更好的性能。
	鼠标按连接方式可分为有线鼠标和无线鼠标，如左图所示。使用时，无线鼠标比有线鼠标方便。无线鼠标的连接方式同无线键盘一样，也分为 2.4 GHz 频段和蓝牙两种。

2.鼠标的选购

（1）根据用途选购

如果你经常进行网上冲浪，或是阅读电子书籍或写作，有滚轮功能的鼠标就会比较适合。对于经常进行 CAD 设计、三维图像处理等的用户，则最好选择专业激光鼠标或者多键、带滚轮可定义宏命令的鼠标，这种高级的鼠标可以带来高效率的操作。如果工作台上东西比较多，觉得鼠标的"尾巴"很讨厌，可以选择无线鼠标。对于一般家庭用户，选择有品牌和质量保证的光电式带滚轮的鼠标就可以满足使用要求。

（2）选择鼠标的接口

鼠标常用的接口有 PS/2 和 USB 两种接口，建议选购 USB 接口的鼠标，因为它使用方便，可即插即用。

（3）尽量选购品牌产品

鼠标虽然是最不起眼的计算机配件，但又是不可缺少的设备，所以选择质保期长，品牌口碑好的鼠标，这样可以保证鼠标的耐用性。

（4）选择分辨率的大小

分辨率（Dots Per Inch，DPI）是指鼠标内的解码装置所能辨认每英寸长度内的点数，分辨率高表示光标在显像器之屏幕上移动定位较准且移动速度较快。早期机械式鼠标的 DPI 一般有 100、200、300 3 种，光学式鼠标则超过了 400 DPI，甚至达到 520 DPI。分辨率越高，其精确度就越高，作为一般用户完全可以不考虑这些指标参数，意义不大。

（5）注意手感

好的鼠标应该是具有人体工程学原理设计的外形。衡量一款鼠标手感的好坏，试用是最好的办法。手握时感觉轻松、舒适且与手掌面贴合，按键轻松而有弹性，移动流畅，屏幕指标定位精确。有些鼠标看上去样子很难看，歪歪扭扭的，其实这样的鼠标手感却非常好，适合手型，握上去也很贴切。

（6）选择售后服务

正规厂商都应该提供 3 个月或一年以上的质保服务，对用户所提出的各种问题都能认真回复，能够解决用户所提出的技术问题，并保证用户能方便地退换。比如有的鼠标的生产厂商保证 300 万次以上的按键次数和 300 km 以上的移动距离，提供 1~3 年的质量保证，随时免费调换；而一般的鼠标厂商仅提供 3 个月的质保期。

微课

机箱与电源的选购

[任务十八]
NO.18

选购机箱和电源

通过前面任务的学习，已经实现了计算机系统基本功能部件的选配工作，现在需要选购一款机箱将它们整合在一起，并固定到各自的位置上。另外，还要选购电源来转换市电，实现对所有部件提供电源。

通过本任务的学习，要求你：

• 识别各类机箱结构及功能；

• 描述计算机电源结构、类型，并了解其作用；

• 掌握机箱和电源的选购技巧。

一、认识机箱

机箱和电源分别是计算机的骨架和能源供应者,但在实际的选购中其重要性往往被人忽视,或选购不当,造成了计算机系统运行的不稳定。

1.认识机箱的结构

机箱根据所固定的主板结构分为 ATX 机箱、Micro ATX 机箱、mini-ITX 机箱、BTX 机箱等结构类型。因此,选购的机箱要与所选购的主板结构相匹配。

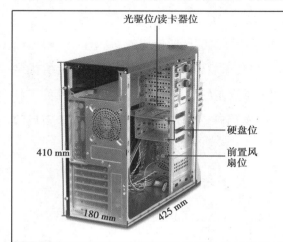	机箱结构包含底板、电源固定架、5 in固定架、3 in 固定架、槽口、铜柱、前置面板、面板按钮、指示灯、面板接口等组成部分,如左图所示。
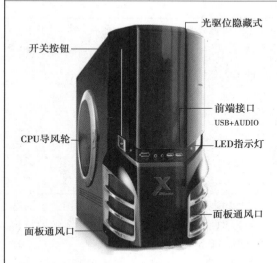	机箱面板上常用的功能件有电源按钮、复位键按钮、硬盘工作指示灯、电源工作指示灯、USB 接口、麦克风接口和耳塞接口等,如左图所示。机箱上的接口通过连接线与主板提供的扩展接口相连后才能实现其相应功能。

2.认识机箱的作用

①通过机箱内部的支撑、支架、各种螺丝或卡子、夹子等连接件将电源、主板、各种扩展板卡、光盘驱动器、硬盘驱动器等设备固定在机箱内部,形成一个整体。

②坚实的外壳保护着板卡、电源及存储设备,能防压、防冲击、防尘,并且还能发挥

防电磁干扰、辐射的功能,起到屏蔽电磁辐射的作用。

③提供了许多面板开关指示灯等,让操作者更方便地操作计算机或观察计算机的运行情况。

3.选购机箱

选购时,首先要根据主板结构来选配机箱结构。另外还要注意机箱的散热性能、掂量重量、摇晃是否稳定、手压板材是否容易变形、机箱的尺寸是否合理等。

二、认识电源

计算机电源是将民用 220 V 的电压转换为计算机部件所使用的 5 V,−5 V,+12 V,−12 V,+3.3 V 等稳定的直流电。电源是 PC 机的重要组成部分之一,电源质量的优劣直接关系到系统的稳定和硬件的使用寿命。质量差的电源不但会造成计算机莫名其妙地出问题,或造成硬件的损毁,有的甚至会发出强烈的电磁辐射,直接威胁用户的健康。

1.认识电源的结构

电源根据所匹配的主板结构分为 ATX、Micro ATX、mini-ITX、BTX 等结构类型。因此,选购的电源要与选购的主板相匹配。

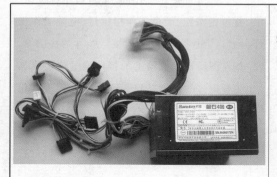	电源外形像一个铁盒,拥有一个用于主机箱散热的大风扇,还拥有提供给计算机主机内的不同部件供电的接口,如左图所示。
	电源一般采用功率命名,如左图所示的型号为 BTX-500SD 长城电源,BTX 是电源的结构类型,500 是此款电源的最大功率。最大功率越大,电源所能负载的设备也就越多。也就决定了机箱内能支持的部件数量范围。 一台性能良好的计算机同样要具有性能好的电源,如果电源与计算机硬件搭配不当或电源劣质,都会造成计算机的不稳定,严重的还会导致硬盘等硬件的损坏。

2.选购电源

首先根据所支持的 CPU 类型和主板结构类型确定电源选购范围。为保障所购电源的性能和质量,在选购过程中还要从以下方面辨别出电源的优劣。

（1）电源接口

考虑电源所提供的接口对所支持的硬件接口类型是否匹配、接口数量是否足够使用,供电能力应留有冗余,以便于今后对计算机系统硬件的升级扩展。

（2）电源重量

首先是重量不能太轻,一块电源无论使用何种线路来设计,它的重量都不可能太轻,依照目前的制作方式,功率越大,重量应该越重。尤其是一些通过安全标准的电源,会额外增加一些电路板零组件,以增进安全稳定度,重量自然会有所增加。其次是内部电子零件密度,计算机电源的设计定律会额外增加一些电路板零组件,以增进安全稳定,所以在电源体积不变的情况下,塞入更多的东西会让电源中的密度增加。在购买时,你可以从散热孔看出电源的整体结构是否紧凑。

（3）电源外壳

在电源外壳机壳钢材的选材上,计算机电源的标准厚度有 0.8 mm 和 0.6 mm 两种,使用的材质也不相同,用指甲在外壳上刮几下,如果出现刮痕,说明钢材品质较差。

（4）线材和散热孔

电源所使用的线材粗细,与它的耐用度有很大的关系。较细的线材,长时间使用常常会因过热而烧毁。

电源外壳上面或多或少都有散热孔。电源在工作的过程中,温度会不断升高,除了通过电源内附的风扇散热外,散热孔也是加大空气对流的重要设施。原则上电源的散热孔面积要越大越好。

（5）电源风扇

在电源工作过程中,风扇起着散热的重要作用。一是风扇用高灵敏度温控低音风扇,风扇所带热敏二极管可根据机箱和电源内的不同温度来调节风扇的转速;二是加大进风口的进风,使电源入口风扇与出口风扇以不同速度运转,保证电源内部自身产生的热空气和由机箱内抽入的热空气都及时排出。因此要选择风力强且噪声小的电源风扇。

（6）安全规格

在电源的设计制造中,安全规格是非常重要的一环。查看是否有安全认证,如 CCC（S&E）安全与电磁兼容认证。

▶思考与练习

一、填空题

(1)微型计算机 CPU 按厂家分主要有_____和_____两大类。

(2)CPU 的主频=_____×_____。

(3)现在 CPU 多使用双电压供电(高、低压),CPU 的核心用_____电压,它的 I/O 电路则用较_____的电压,既保证了电路的驱动能力和可靠性,又减少了功耗。

(4)CPU 的接口主要有_____和_____两种方式。

(5)CPU 购买时主要考虑的因素有_____。

(6)_____为计算机提供最底层、最直接的硬件控制。它是 CPU 与外部设备之间的联系纽带。

(7)目前主板上最常见的总线插槽有_____和_____总线。

(8)生产主板的 4 个知名厂商_____、_____、_____和_____。

(9)现在市场上主流内存条是_____线的_____规格。

(10)现在 PC 常用的硬盘基本都采用的是_____的接口方式。

(11)在购买刻录机时,_____是必不可少的,但同时也不能缺了_____技术。

(12)目前市场上的 DVD 刻录机的格式主要有_____、_____两种。

(13)IDE 硬盘的转速一般有 5 400 rpm 和 7 200 rpm,_____ rpm 硬盘比_____ rpm 硬盘速度快。

(14)分辨率为 1 024×768 就表示在横向上有_____个点,纵向上有_____个点。

(15)通常在显示卡上能见到的最大的芯片就是_____,一般家用娱乐性显卡都采用设计的显示芯片,而在部分专业的工作站和高端家庭游戏型显卡上有采用_____组合的方式。

(16)显存的种类主要有 SDRAM、_____、_____等几种。

(17)集成声卡又分成_____与_____两大类。

(18)声卡上的输入/输出接口包括_____、_____和_____。

(19)在鼠标发展史上,按接口分类可以分为_____、_____和_____ 3 类。

(20)按键盘的接口分类,可将键盘分为_____、_____、_____键盘。

(21)ATX 电源的输出接口主要包括_____、_____、_____和_____。

（22）由于电源还得负责＿＿＿＿＿＿＿，所以其散热风扇的好坏非常重要。

（23）真正的好电源必须通过＿＿＿＿＿＿＿安规检测。

（24）机箱上常见的按钮、开关和指示灯有＿＿＿＿＿＿＿、＿＿＿＿＿＿＿、＿＿＿＿＿＿＿等。

二、选择题

（1）CPU 由（   ）组成。

    A.运算器　　　　　B.存储器　　　　　C.控制器　　　　　D.输入设备

（2）CPU 的主要参数有（   ）。

    A.字长　　　　　　B.工作频率　　　　C.高速缓存　　　　D.工作电压

（3）下列是 Intel 公司的产品的是（   ）。

    A.酷睿 i5 750　　　　　　　　　　　B.奔腾双核 E5300

    C.赛扬双核 E3200　　　　　　　　　D.AMD 羿龙 II X4 965

（4）负责计算机内部之间的各种算术运算和逻辑运算功能的部件是（   ）。

    A.内存　　　　　　B.CPU　　　　　　C.主板　　　　　　D.显卡

（5）64 位 CPU 中的 64 指的是（   ）。

    A.机型　　　　　　B.存储单位　　　　C.字长　　　　　　D.CPU 的针数

（6）通常在电池旁边都有一个用来清除 BIOS 用户设置参数的（   ）。

    A.芯片　　　　　　B.指示灯　　　　　C.跳线或 DIP 开关　D.插座

（7）外频为 100 MHz,倍频为 8,则 CPU 主频是（   ）。

    A.100 MHz　　　　B.12.5 MHz　　　　C.800 MHz　　　　D.12.5 MHz

（8）下列存储器中,属于高速缓存的是（   ）。

    A.EPROM　　　　B.Cache　　　　　C.DRAM　　　　　D.CD-ROM

（9）USB 接口闪存存储器作为随身存储设备优势是（   ）。

    A.容量大　　　　　　　　　　　　　B.体积小

    C.易于携带　　　　　　　　　　　　D.即插即用

（10）外频为 100 MHz,倍频为 8,则 CPU 主频是（   ）。

    A.100 MHz　　　　B.12.5 MHz　　　　C.800 MHz　　　　D.12.5 MHz

（11）下列存储器中,属于高速缓存的是（   ）。

    A.EPROM　　　　B.Cache　　　　　C.DRAM　　　　　D.CD-ROM

（12）目前显示卡常见的接头主要有（   ）数字接口和（   ）针模拟接口。

    A.金属 DVI　　　　B.15　　　　　　　C.AGP　　　　　　D.40

（13）与普通的声卡相比,由于集成软声卡没有（   ）芯片,而是采用软件模拟,
所以 CPU 占用率比一般声卡高。

    A.Digital Control　B.Audio Codec　　C.MIDI　　　　　　D.SB Live

（14）连接多媒体有源音箱,实现声音的输出接口是（   ）。

    A.LINE IN　　　　B.MIC IN　　　　　C.LINE OUT　　　　D.REAR OUT

(15)安装(　　)时,应该切断电源。带电插拔键盘,是很危险的,容易烧坏主板
电路。

A.USB 接口键盘　　　　　　　　　　B.非 USB 接口键盘

C.COM　　　　　　　　　　　　　　D.PS/2

(16)ATX 电源大 4 芯插头可以连接(　　　　)。

A.硬盘　　　　　　　　　　　　　　B.软驱

C.CPU　　　　　　　　　　　　　　D.主板

(17)(　　　　)是硬盘工作状态指示灯。

A.LED　　　　　　　　　　　　　　B.PW-ON

C.RESET　　　　　　　　　　　　　D.HDD LED

三、问答题

(1)简述内存条的主要厂商和主流内存类型。

(2)硬盘有哪些重要指标? 调查最近硬盘在市场上的主流产品、品牌以及各指标
的详细参数,并且与其他产品进行比较,分析出其优势。

(3)简述显示卡的主要技术指标。

(4)集成显示卡的主板因性价比高在市场上的占有率越来越大,目前集成显卡芯
片的种类也比较多,通过收集资料和上网调查,统计现在共有几种集成显卡芯片,哪一
种最出色?

(5)上网查阅,简述购买 LCD 显示器时应如何检查。

(6)简述声卡的性能指标和选购方法。

(7)简述音箱的技术指标和选购方法。

(8)简述选购鼠标时要注意哪些问题。

(9)简述选购键盘时要注意哪些问题。

(10)通过上网或查阅其他书籍资料,了解哪些品牌的电源和机箱质量比较好。

(11)通过上网或查阅其他书籍资料,简述如何选购 ATX 电源。

(12)通过上网或查阅其他书籍资料,简述机箱的选购方法。

▶实训项目

1.在计算机硬件实验室中完成以下实验:

使用实验室提供的软件(WCPUID、CPU-Z 或 everest 等)测试一台计算机的 CPU 参
数,说明这些参数的含义,其参数值对计算机系统性能的影响。

测试计算机编号	查看到的 CPU 参数名称	查看到的 CPU 参数数据

2.岗位演练

结合自己的实际应用,配置一套计算机的整机硬件系统。请先阅读以下知识内容,然后作答。

(1)选购品牌计算机

选购品牌计算机没有兼容计算机这么麻烦。但配置过程和兼容机差不多。由于品牌机一个型号的整机配置已经基本上是固定的,所以根据价位选定适合自己用途的型号就行了。在选购前要多查询相关信息,在不同代理商中进行比较。注意选购的品牌要是知名品牌,具有良好的售后服务。

(2)选购兼容计算机

①根据自己需求和资金情况,收集最新市场行情,各种配件的技术指标。

②拟订计算机配置方案,要注重性价比,不要过分迷恋广告杂志上的宣传,盲目追求一些昂贵的品牌产品。

③注意各种配件的质保期,特别是主板、CPU、显示器、硬盘、内存等。

④选择有一定信誉的计算机公司,带着方案到商家询价配置,保障产品质量和售后服务。

(3)填写计算机配置单

根据市场调查,运用所学知道配置一台适合自己的计算机,将部件填入下表中。

计算机配置单		
硬件名称	选配品牌型号	价　格
CPU		
风扇		
主板		
内存		
硬盘		
显卡		
显示器		
键盘		
鼠标		
光驱		
电源		
机箱		
声卡		
音箱		
网卡		
总价		

配置思路：

各硬件的选配理由：

组装计算机

通过场景一的学习,我们可以给用户写配置单了。用户确定配置后,装机人员就根据配置单准备计算机各个部件,然后完成硬件组装与软件安装。在完成本部分的学习后,你也能成为一名出色的装机人员。

本部分内容包括:

- 组装硬件
- 连接计算机硬件
- 设置 BIOS
- 安装操作系统
- 安装与卸载应用软件

模块三 / 组装硬件

作为一名装机人员，能够根据用户的配置单将各个部件组装成计算机。当你学完本模块的知识和技能后，就可以完成硬件的组装了。

学习完本模块后，你将能够：

+ 完成组装的准备工作；

+ 完成主机的安装；

+ 完成驱动器、显卡及扩展卡的安装；

+ 完成机箱面板连接。

[任务一]

组装准备

组装计算机前,我们先要作好安装前的准备工作,如准备好安装要用的工具等。

通过本任务的学习,要求你:

- 准备安装工具;
- 描述装机的流程;
- 描述装机的规范。

一、安装工具的准备

微课

工具的介绍

在组装过程中,我们经常要用到以下工具:一字螺丝刀、十字螺丝刀、尖嘴钳和镊子。如下图所示。

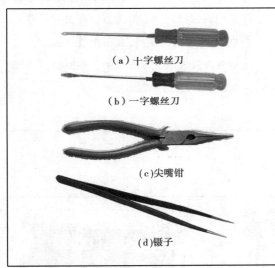

（a）十字螺丝刀

（b）一字螺丝刀

（c）尖嘴钳

（d)镊子

　　（a)一字螺丝刀是用于松、紧"一"字形的螺丝。

　　（b)十字螺丝刀是用于松、紧"十"字形的螺丝。

　　(c)尖嘴钳是用于夹住螺丝帽等。

　　(d)镊子是用于夹取跳线帽等。

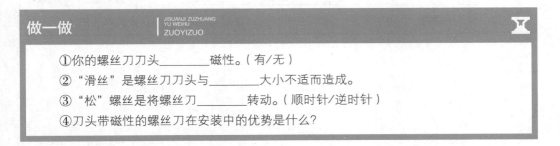

做一做　　JISUANJI ZUZHUANG YU WEIHU ZUOYIZUO

①你的螺丝刀刀头_____磁性。(有/无)

② "滑丝"是螺丝刀刀头与_____大小不适而造成。

③ "松"螺丝是将螺丝刀_____转动。(顺时针/逆时针)

④刀头带磁性的螺丝刀在安装中的优势是什么?

（1）螺丝刀是组装过程中用得最多的工具。

（2）刀头带有磁性便于吸住螺丝。

（3）通常宜选用刀头中等大小，柄杆稍长的螺丝刀。

（4）尖嘴钳、镊子是维护和组装微型计算机的常备工具。

（5）尖嘴钳常用于安装和拔插各种接口卡、跳线卡等。

（6）镊子常用于手指不易操作的窄小地方，如跳线，校正针脚等。

除了上面几种工具外，有时还要用到万用表、压线钳、毛刷、抹布、存小配件的盒子等。

二、操作台要求

组装计算机要求有一个比较大（1 m² 左右）的安装操作台，操作台上面安装有电源以及照明设施。

操作台是计算机组装的平台，同时也是系统调试和软件安装地点。要求进行分区规划，方便放置工具，展示配件等操作。电源方面要求最少带有 2 个 3 相插座，1 个 2 相插座，具备防静电的要求。

三、装机流程

①打开机箱

②安装 CPU

③安装内存条

④安装主板

⑤安装显卡等扩展卡

⑥安装硬盘等存储设备

⑦连接机箱内各种连线

⑧连接机箱外各种连线

⑨完成组装

想一想 JISUANJI ZUZHUANG YU WEIHU XIANGYIXIANG

装机步骤可以调整吗？ 装机中容易发生错误的步骤有哪些？

四、装机的规范

在装机过程中,除了要掌握安装流程外,还要注意操作的规范:

①不得带电操作。

②不得穿戴尼龙、皮毛制品的衣裤或手套。

③避免板卡或其他插卡直接接触。

④避免坚硬物体无意碰撞板卡上的元件或线路。

⑤一定要对准槽口平行地缓缓插入或拔出。

⑥注意数据电缆或电源的接口、插头、插座的方向性。

相关知识 JISUANJI ZUZHUANG YU WEIHU XIANGGUANZHISHI

释放静电

计算机各种板卡上有一些存放生产厂家在出厂时写有程序或数据的芯片,这些芯片上的信息可能会在静电的作用下受到破坏。 为了防止静电可能造成的破坏,我们在安装计算机硬件时,应释放掉自己身上可能带有的静电。 释放身上静电的方法很简单,只需用手摸摸接地的金属物体或者在自来水龙头下用流水洗洗手即可。 而企业在生产过程中,释放静电最有效的方式是穿戴具备防静电的专业护具,如穿静电服、戴静电环等。

[任务二]

安装主机

通过本任务的学习,要求你:
- 会安装 CPU;
- 会安装内存;
- 会安装主板。

一、安装 CPU

以下是以安装 Intel 系列 CPU 为例。

 （一） 识别 CPU 插座的安装标志	 （二） 识别 CPU 的安装标志	（1）识别 CPU 与插座标志 CPU 插座安装标志如左（一）图所示,CPU 的安装标志如左（二）图所示。
 （一） 打开 CPU 插座扣架	 （二） 对齐 CPU 与插座标志	（2）CPU 安装的步骤 ①拉起压杆,打开扣架,如左（一）图所示;对齐 CPU 与插座的安装标志位置,如左（二）图所示;将 CPU 上的凹部对准插座上的凸起部分放入 CPU 插座,如左（三）图所示。 ②按下 CPU 扣架,压下压杆。如左（四）图所示。
 （三） 整齐安放 CPU	 （四） 按下 CPU 安装扣架	

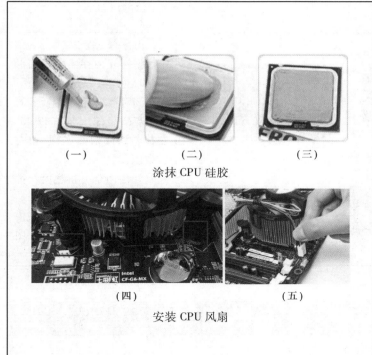

（一）　　　　（二）　　　　（三）

涂抹 CPU 硅胶

（四）　　　　　　（五）

安装 CPU 风扇

（3）CPU 风扇安装的步骤

①涂上导热硅，如左（一）、（二）、（三）图所示。

②固定好风扇，如左（四）图所示。

③连接好 CPU 散热风扇的电源线，如左（五）图所示。

做一做 JISUANJI ZUZHUANG YU WEIHU ZUOYIZUO

①指出 CPU 的安装方向的标志。

②安装 CPU 及风扇。

③上网查找资料，总结出安装 AMD 系列 CPU 的方法及注意事项。

相关知识 JISUANJI ZUZHUANG YU WEIHU XIANGGUANZHISHI

（1）Intel 系列 CPU 的散热器与 AMD 系列散热器安装时有一定的区别，主要是由各自的 CPU 底座结构不同所决定的。通常采用加装支架的方法来弥补，使两种主板都能够使用相同的散热装置。

（2）CPU 的发热量很大，常见的散热方法有风冷、水冷和热管制冷。后两种方法效果较好，但是安装要求高、成本高，通常只有计算机发烧友才采用。

二、内存安装

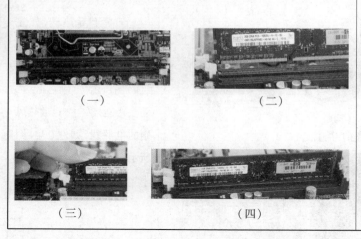

（一）　　　　　　　　（二）

（三）　　　　　　　　（四）

内存的安装步骤如下：

①掰开内存插槽两端卡扣，如左（一）图所示。

②对准内存与主板上的缺口与凸起，把内存条以45°左右放到插槽的底部，如左（二）图所示。

③用两个拇指把内存推进去，如左（三）图所示。

④用插槽两边的卡扣把内存牢牢地卡住，如左（四）图所示。

做一做　JISUANJI ZUZHUANG YU WEIHU ZUOYIZUO

①安装内存要注意哪些事项？

②在教师的指导下安装内存。

友情提示　JISUANJI ZUZHUANG YU WEIHU YOUQINGTISHI

安装内存条时，把内存条以45°左右放到插槽的底部，保证内存条上的管脚和内存插槽的接针对齐，用两个拇指把内存推进去，插槽两边的弹簧卡子就把内存牢牢地卡住。

三、主板安装

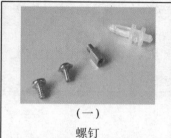

（一）
螺钉

（二）
螺钉孔

（1）主板的安装准备

安装用的螺钉如左（一）图所示，机箱上的螺钉孔如左（二）所示。

（2）主板的安装步骤

①在机箱背板上按照主板固定开孔位置安装主板固定螺柱。

②在机箱后挡板位置安装主板自带挡板。

③把主板正确地放在机箱里的多个螺柱上，如左（一）图所示。

④按照对角线方式依次把每个螺丝固定好，如左（二）图所示。

（一）

（二）

做一做　JISUANJI ZUZHUANG YU WEIHU ZUOYIZUO

①安装主板要注意哪些事项？

②在教师的指导下安装主板。

友情提示　JISUANJI ZUZHUANG YU WEIHU YOUQINGTISHI

主板上一般有 5~9 个固定孔，它们的位置都符合标准。在机箱底板上有很多个螺钉孔，要选择合适的孔与主板匹配。选好后，把固定螺钉旋紧在底板上；然后把主板小心地放在上面，注意将主板上的键盘口、鼠标口、串并口等和机箱背面挡片的孔对齐，使所有螺钉对准主板的固定孔，依次把每个螺丝安装好。

[任务三]

安装驱动器、显卡及扩展卡

通过本任务的学习,要求你:

- 会安装硬盘;
- 会安装光驱;
- 会安装显卡;
- 会安装网卡;
- 会安装声卡。

微课

硬盘的安装

一、安装硬盘

(一)

(二)

(三)

硬盘的安装步骤如下:

①将硬盘水平安放在机箱架上,如左(一)图所示。

②连接好数据线及电源线,如左(二)图所示。

③固定螺丝,如左(三)图所示。

做一做   JISUANJI ZUZHUANG YU WEIHU ZUOYIZUO

①安装硬盘要注意哪些事项？

②在教师的指导下安装硬盘。

相关知识   JISUANJI ZUZHUANG YU WEIHU XIANGGUANZHISHI

　　现在的主板都采用 SATA 接口，这种接口一条数据线只能连接一个设备，如果计算机同时要连接多个硬盘，使用时将启动硬盘连接到 SATA 接口的第一接口上，这样速度会快些。因为主板的 SATA 接口有 SATA3.0 和 SATA2.0 之分，前者速度更快，被安排在前面的接口顺序。

二、安装光驱

（一）

（二）

（三）

微课

光驱的安装

　　光驱的安装步骤如下：

　　①将光驱从机箱前装入，如左（一）图所示。

　　②安装好螺丝，如左（二）图所示。

　　③连接好数据线及电源线，如左（三）图所示。

做一做 JISUANJI ZUZHUANG YU WEIHU ZUOYIZUO ✕

①安装光驱要注意哪些事项?

②在教师的指导下安装光驱。

友情提示 JISUANJI ZUZHUANG YU WEIHU YOUQINGTISHI ！

　　机箱前面可以提供多个 5.25 in 设备安装,大机箱多采用水平安装这些设备的方式;较小的机箱或是一些品牌计算机机箱采用立式安装 5.25 in 设备方式。 不管用哪种方式,对这种设备的安装都要求:要么水平,要么垂直进行固定,这样有利于保护设备,增加使用寿命。

微课

显卡的安装

三、安装显卡

（一）

（二）

　　显卡的安装步骤如下:

　　①注意安装的显卡接口类型,例如 PCI-E 显卡,如左(一)图所示。

　　②将显卡直插入插槽里,用力要均匀,如左(二)图所示。

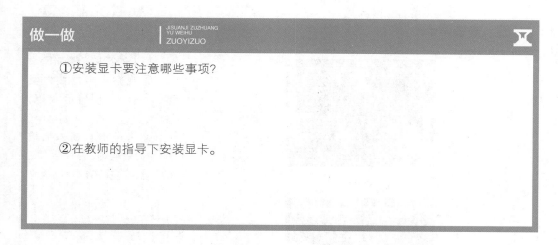

做一做

JISUANJI ZUZHUANG
YU WEIHU
ZUOYIZUO

①安装显卡要注意哪些事项?

②在教师的指导下安装显卡。

四、安装网卡

　　注意在将网卡插入插槽里时,要竖立插入,用力要均匀,如左图所示。

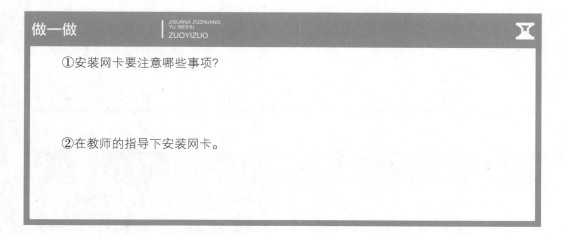

做一做

JISUANJI ZUZHUANG
YU WEIHU
ZUOYIZUO

①安装网卡要注意哪些事项?

②在教师的指导下安装网卡。

五、安装声卡

（一）

（二）

声卡的安装步骤如下：

①观察声卡的接口类型，如左（一）图所示为 PCI 接口。

②将声卡直插入插槽里，用力要均匀，然后再固定好螺丝，如左（二）图所示。

做一做 JISUANJI ZUZHUANG YU WEIHU ZUOYIZUO

①安装声卡要注意哪些事项？

②在教师的指导下安装声卡。

友情提示 JISUANJI ZUZHUANG YU WEIHU YOUQINGTISHI

如今很多主板都已经集成声卡和网卡，如果你需要使用额外的声卡，则应先将板载声卡屏蔽掉，可通过主板上的跳线实现或者在 BIOS 中进行设定。 为了能够让声卡直接播放 AudioCD，还必须在声卡与光驱之间连接一条音频线，建议使用2 Pin的数字线，如果声卡不具备该接口，那么可以改用 4 Pin 的模拟输出线。

NO.4

[任务四]

安装电源及连接机箱面板

通过本任务的学习,要求你:

- 会安装电源及连线;
- 会连接 POWER、RESET、HD-LED、PW-LED、SPK、USB 等机箱面板线。

一、安装电源及连线

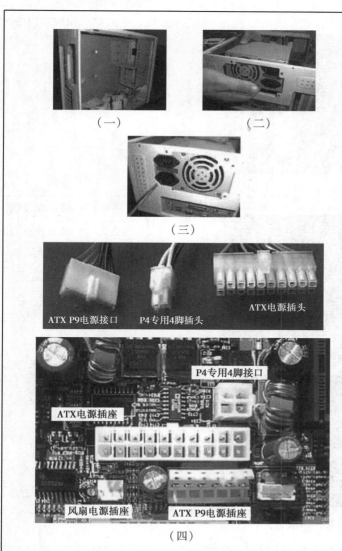

（一）　　　　　　　　（二）

（三）

ATX P9电源接口　　P4专用4脚插头　　ATX电源插头

P4专用4脚接口

ATX电源插座

风扇电源插座　　ATX P9电源插座

（四）

电源的安装步骤如下:

①准备好机箱,如左（一）图所示。

②将电源与机箱上的螺丝孔对齐,如左（二）图所示。

③上紧螺丝,如左（三）图所示。

④将 ATX 电源插头插入主板,还有 P4 专用 4 脚插头和 ATX P9 电源接口,如左（四）图所示。

做一做 　JISUANJI ZUZHUANG
YU WEIHU
ZUOYIZUO

①在教师的指导下将电源与主板连接。

②在教师的指导下将电源与磁盘、光驱连接。

微课

机箱前置面板的
连线

二、连接 POWER、RESET、HD-LED、PW-LED、SPK、USB 等机箱面板线

POWER、RESET、HD-LED、PW-LED、SPK、USB、音频连线如左图所示。

主板上插线的针脚

根据指示信息和连线上的英文提示将各种连线依次连接到主板上。但 USB 线和音频线不在这里。

主板上插线针脚的指示信息

主板上插线的针脚、USB 线的连接以及前置音频线的连接如左图所示。

USB 线的连接   前置音频线的连接

做一做
JISUANJI ZUZHUANG YU WEIHU ZUOYIZUO

①在教师的指导下完成 POWER、RESET、HD-LED、PW-LED、SPK、USB、音频连线。

②写出有正负的连线。

③在主板上找出 POWER、RESET、HD-LED、PW-LED、SPK、USB、音频连线的标记。

相关知识
JISUANJI ZUZHUANG YU WEIHU XIANGGUANZHISHI

在安装主板时，难点不是将主板放入机箱中，而是如何连接机箱面板连接线。 下面就让我们先来了解一下机箱连接线。

（1）PC 喇叭的四芯插头，实际上只有 1、4 两根线，一根线通常为红色，它是接在主板 Speaker 插针上。 连接时，注意红线对应 1 的位置，有的主板将正极标为 1，有的标为+，视情况而定。 如果主板具备自检功能上面就会有报警蜂鸣器，此时就不需要安装这对连接线了。

（2）RESET 接头接到主板上 Reset 插针上。 主板上 Reset 针的作用是这样：当它们短路时，计算机就重新启动。 Reset 键是一个开关，按下它时产生短路，手松开时又恢复开路，瞬间的短路就使计算机重新启动。

（3）ATX 结构的机箱上有一个总电源的开关接线，是个两芯的插头，它和 Reset 的接头一样，按下时短路，松开时开路，按一下，计算机的总电源就被接通了，再按一下就关闭。 可以在 BIOS 里设置为开机时必须按电源开关 4 s 以上才会关机，或者根本就不能按开关来关机而只能靠软件关机。

（4）三芯插头是电源指示灯的接线，使用 1、3 位，1 线通常为绿色。 在主板上，插针通常标记为 Power，连接时注意绿色线对应于第一针（＋）。 当它连接好后，计算机一启动，电源灯就一直亮着，指示电源已经打开了。

（5）硬盘指示灯的两芯接头，1 线为红色。 在主板上，这样的插针通常标着 IDE Led 或 HD-Led 的字样，连接时要红线对 1。 这条线接好后，当计算机在读写硬盘时，机箱上的硬盘的灯会亮。 指示灯只能指示 IDE 硬盘，对 SCSI 硬盘是不行的。

机箱面板连接线是比较复杂的，因为不同的主板在插针的定义上是不同的，最好查阅主板说明书，在将主板放入机箱前就将这些线连接好。 另外主板的电源开关、Reset（复位开关）是不分方向的，只要弄清插针就可以插好。 而 HDD Led（硬盘灯）、Power Led（电源指示灯）等，因为发光二极管插反是不能闪亮的，所以一定要仔细核对说明书上对该插针正负极的定义。

▶ 思考与练习

一、填空题

（1）计算机组装中最常用的工具是_____。

（2）在装机过程中最重要的一条规范是_____。

（3）在安装 CPU 时要注意 CPU 的标志和插座的标志必须_____。

（4）在安装内存条时应该将内存条_____放入插槽。

（5）在安装主板时一定要保证主板与底板_____。

（6）安装硬盘和光驱到一条 IDE 线上，必须_____。

（7）在安装各种扩展卡时，每个 PCI 插槽都_____。

（8）在连接各种连线时，Power 是_____,Reset 是_____,HD-LED 是_____,PW-LED 是_____,SPK 是_____,USB 是_____。

二、判断题

（1）组装计算机时使用的螺丝刀刀头有无磁性不重要。　　　　　　（　　）

（2）手在自身的衣袖上擦两下，可以释放掉手上的静电。　　　　　（　　）

（3）在安装 CPU 时放入 CPU 到插座中是不需用力的。　　　　　（　　）

（4）在取下内存条时，可以带电拔插。　　　　　　　　　　　　（　　）

（5）在安装主板时，由于底座的螺丝掉了几个，可以找几个高矮不一但大小一致的螺丝来代替。　　　　　　　　　　　　　　　　　　　　　　（　　）

（6）一般将硬盘接到 IDE 的第一个插座，且为主盘，将光盘接到 IDE 的第二个插座，且为从盘，便于两条 IDE 线并行工作。　　　　　　　　　　　　（　　）

（7）安装好各种扩展卡后，都必须要上螺丝。　　　　　　　　　（　　）

（8）机箱面板的各种连线都没有正负。　　　　　　　　　　　　（　　）

▶上机实验

在计算机硬件实验室中完成以下实验：

利用安装工具，根据装机流程及规范将准备好的各种部件安装好，然后连接好机箱面板连线。

▶实训项目

岗位演练：作为一名计算机准装机人员，你如何给客户组装计算机的各种部件？

模块四 / 连接计算机硬件

作为一名装机人员，除了完成硬件的组装外，还要将主机与各种外设连接起来。 本模块通过大量的实例及图片讲解主机与外部设备的连接。

学习完本模块后，你将能够：

+ 连接键盘、鼠标和显示器；

+ 连接音箱和麦克风、移动存储设备。

[任务一]

微课

连接键盘、鼠标和显示器

计算机硬件连接

通过本任务的学习,要求你:

• 了解鼠标的连接规范及注意事项;

• 了解键盘的连接规范及注意事项;

• 了解显示器的连接规范及注意事项;

• 会连接键盘、鼠标和显示器。

一、鼠标的连接规范及注意事项

PS/2 鼠标与主机的连接如左图所示。

注意事项:

①鼠标线对应的插座是有定位槽口的,插入时将插头正确地对准插座的位置,即能轻松地插入。

②注意机箱后面鼠标插座的位置,可从颜色、图标判断。

做一做

JISUANJI ZUZHUANG
YU WEIHU
ZUOYIZUO

①在教师的指导下将 PS/2 鼠标与主机连接。

②USB 鼠标、COM 口鼠标和无线鼠标分别怎么连接?

二、键盘的连接规范及注意事项

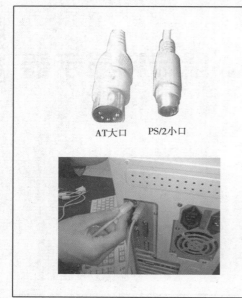

AT大口　　PS/2小口

大口和小口键盘接口如左上图所示,小口键盘接口连接如左下图所示。

注意事项与 PS/2 鼠标相同。

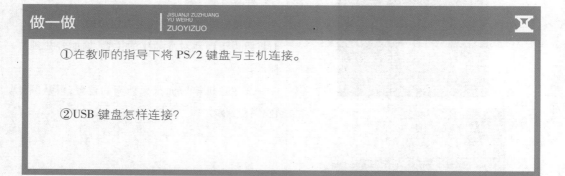

做一做　JISUANJI ZUZHUANG YU WEIHU　ZUOYIZUO

①在教师的指导下将 PS/2 键盘与主机连接。

②USB 键盘怎样连接?

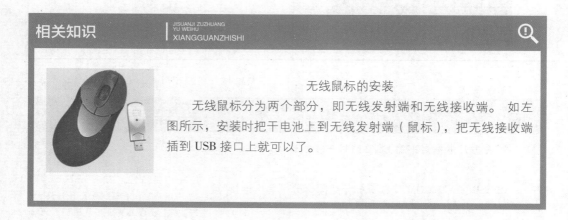

相关知识　JISUANJI ZUZHUANG YU WEIHU　XIANGGUANZHISHI

无线鼠标的安装

无线鼠标分为两个部分,即无线发射端和无线接收端。 如左图所示,安装时把干电池上到无线发射端(鼠标),把无线接收端插到 USB 接口上就可以了。

三、显示器的连接规范及注意事项

显示器信号线的连接如左图所示,而电源线可以直接插到电源插线板上。

注意事项:

显示器信号线梯形 15 针插头,连接时要注意梯形大小头要对准方向,保证接触良好,插头两边的螺丝要拧紧。

做一做　JISUANJI ZUZHUANG YU WEIHU ZUOYIZUO

（1）在教师的指导下连接显示器。

（2）写出显示器的信号线与主机连接的注意事项。

友情提示　JISUANJI ZUZHUANG YU WEIHU YOUQINGTISHI

（1）在取下显示器的信号线时,先要松开接头上的两个螺栓。

（2）传统的显示器的电源线插头插在机箱上,现在一般都插到插线板上。

相关知识　JISUANJI ZUZHUANG YU WEIHU XIANGGUANZHISHI

各种显示器（CRT、LCD 等）的连接方法都是一样的,投影机直接连接主机的方法也一样。有的显卡可以直接输出到电视机上。

[任务二]

连接音箱、麦克风和移动存储设备

通过本任务的学习,要求你:

- 了解音箱的连接规范及注意事项;
- 了解麦克风的连接规范及注意事项;
- 了解移动硬盘的连接规范及注意事项;
- 会连接音箱、麦克风和移动存储设备。

一、音箱的连接规范及注意事项

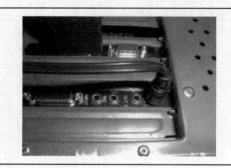

音箱与主机的连接如左图所示,而电源线可以直接插到电源插线板上。

注意事项如下:

首先要确定主音箱的摆放位置,然后在主音箱上找到要连接到主机的音频线、电源线,检查一下它们是否足够长,最后将音频线的插头插到主机后面的音频输出插座上(标有 OUT)。

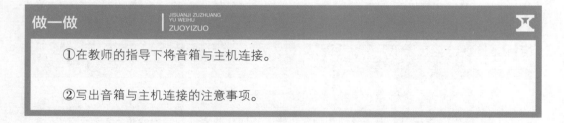

做一做　JISUANJI ZUZHUANG YU WEIHU ZUOYIZUO

①在教师的指导下将音箱与主机连接。

②写出音箱与主机连接的注意事项。

二、麦克风的连接规范及注意事项

连接麦克风

麦克风与主机的连接位置如左图所示。

注意事项如下:

首先要确定麦克风的摆放位置;然后在麦克风上找到要连接到主机的音频线,检查一下它们是否足够长;最后将音频线的插头插到主机后面的音频输入插座上(标有 Mic)。

做一做 JISUANJI ZUZHUANG YU WEIHU ZUOYIZUO

①在教师的指导下将麦克风与主机连接。

②如何连接右图所示的耳麦？

友情提示 JISUANJI ZUZHUANG YU WEIHU YOUQINGTISHI

Input 表示数字音频输入，Out1、Out2 表示两个声音输出（有的标志是 SPK，即 Speak），Mic 表示麦克风输入。

相关知识 JISUANJI ZUZHUANG YU WEIHU XIANGGUANZHISHI

如果要将计算机的声音输出到电视机中，必须一端是接计算机的耳机接口；另一端是接电视机音频端子，可以自己动手制作这样的连接线。

三、移动硬盘的连接规范及注意事项

移动硬盘与主机的连接，如左图所示。

注意事项如下：

移动硬盘在读写数据时，不要直接拔下。

做一做 JISUANJI ZUZHUANG YU WEIHU ZUOYIZUO

在教师的指导下将移动硬盘与主机连接。

相关知识 JISUANJI ZUZHUANG YU WEIHU XIANGGUANZHISHI

在移动存储设备中，除了移动硬盘，U 盘、读卡器、MP3、MP4、手机、数码相机等都可以作为移动存储设备，它们的连接方法大致相同。

▶思考与练习

一、填空题

(1) 鼠标的接口有 _____ 、_____ 、_____ 等,键盘的接口有 _____ 、
_____ 、_____ 等。

(2) 显示器的信号线接头是 _____ 形状。

(3) 在连接音频时,Mic 是 _____ ,SPK 是 _____ 。

(4) 一般移动硬盘使用的接口是 _____ 。

二、判断题

(1) PS/2 接口的鼠标、键盘在主机的连接中没有区别。　　　　　　　　(　)

(2) 显示器除了要接好信号线外,还要将电源线接好。　　　　　　　　(　)

(3) 一般将音箱接在机箱后面,将耳麦接到机箱前面。　　　　　　　　(　)

(4) 机箱前后的 USB 接口在接移动硬盘上没有区别。　　　　　　　　(　)

▶上机实验

在计算机硬件实验室中完成以下实验:

根据连接规范及注意事项将键盘、鼠标、显示器、音箱、麦克风、移动存储设备与主机连接起来。

▶实训项目

岗位演练:你作为一名计算机准装机人员,为了能让客户将计算机拿回家中自己能进行外部设备连接,你怎样向客户演示连接外部设备?

模块五 / 设置 BIOS

安装计算机硬件之后，就是设置 BIOS，使计算机的各种部件能够协调工作。 作为一名装机人员除了完成硬件的组装和主机与各种外设连接外，还应该掌握 BIOS 的常用设置。

完成本模块后，你将能够：

+ 了解 BIOS 的作用；

+ 熟悉 BIOS 的基本操作；

+ 设置标准 CMOS；

+ 设置高级 BIOS；

+ 设置集成外设；

+ 了解 PC 健康状态；

+ 加载 BIOS 默认参数；

+ 设置用户密码和管理密码。

[任务一]

了解 BIOS 的作用

通过本任务的学习,要求你:

• 认识 BIOS 芯片;

• 了解 BIOS 的作用。

一、认识 BIOS 芯片

BIOS 是英文 Basic Input/Output System 的缩写,意思是基本输入输出系统。它还控制着自启顺序、安全系统、键盘、显示、软盘驱动、串口及其他一些功能,如左图所示。

二、了解 BIOS 的作用

1.自检及初始化

在开机后 BIOS 最先被启动,然后它会对计算机的硬件设备进行检验。如果遇到严重故障则会停机,不给出任何提示或信号;非严重故障则给出屏幕提示或声音报警信号,等待用户处理。如果未发现问题,则将硬件设置为备用状态,然后启动操作系统,把对计算机的控制权交给用户。

2.程序服务

BIOS 直接与计算机的 I/O(Input/Output,即输入/输出)设备打交道,通过特定的数据端口发出命令,传送或接收各种外部设备的数据,实现软件程序对硬件的直接操作。

3.设定中断

在开机时,BIOS 会告诉 CPU 各硬件设备的中断号,当用户发出使用某个设备的指令后,CPU 就根据中断号来使用相应的硬件完成工作,完成任务后再根据中断号跳回原来的工作。

NO.2

[任务二]
熟悉 BIOS 的基本操作

通过本任务的学习,要求你:

- 认识 BIOS 界面;
- 熟悉 BIOS 通用操作。

一、BIOS 界面认识

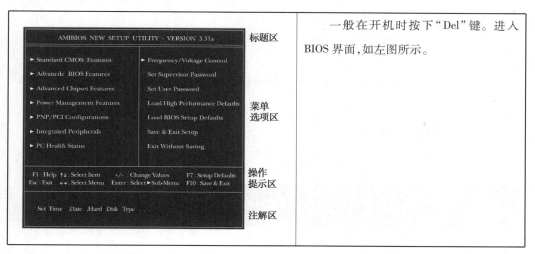

一般在开机时按下"Del"键。进入 BIOS 界面,如左图所示。

做一做 JISUANJI ZUZHUANG YU WEIHU ZUOYIZUO

①BIOS 界面由 _____ 、_____ 、_____ 、_____ 4 部分组成。

②根据标题区的内容说出该 BIOS 的厂家。

相关知识　JISUANJI ZUZHUANG YU WEIHU XIANGGUANZHISHI

（1）BIOS 的厂家一般有 Award、AMI、Phoenix，以及众多品牌机厂家。 进入 BIOS 通常是按"Del"，也有的是按"F1""F2""Esc"键。

（2）BIOS 菜单中各项的中文意思是：

- Standard CMOS Features——标准 CMOS 设置

- Advanced BIOS Features——高级 BIOS 设置

- Advanced Chipset Features——芯片设定

- Integrated Peripherals——集成设置

- Power Management Setup——电源管理

- Miscellaneous Control——杂项控制

- PC Health Sratus——PC 健康状态

- Thermal Throttling Option——温度阀

- UNIKA OverClocking Setting——超频设置

- Password Settings——设置密码

- Load Optimized Defaults——载入默认的优化设置

- Load Fail-Safe Defaults——载入默认的启动设置

- Save & Exit Setup——保存并退出

- Exit Without Saving——不保存退出

二、熟悉 BIOS 通用操作

F1 : Help ↑↓ : Select Item   +/- : Change Values   F7 : Setup Defaults
Esc : Exit ↔ : Select Menu   Enter : Select ▶Sub-Menu   F10 : Save & Exit

在如左图的操作提示区中，"F1"键是帮助；按"←""→""↑""↓"键选择菜单项；"+""/""–"键改变设置值；按"F7"键使用缺省设置值；按"Esc"键退出；按"Enter"键进入子菜单；按"F10"键保存并退出。

做一做

JISUANJI ZUZHUANG
YU WEIHU
ZUOYIZUO

　　在 BIOS 操作提示区中，"F1"键作用是_____，"←""→""↑""↓"键作用是_____，"+""/""–"键作用是_____，"F7"键作用是_____，"Esc"键作用是_____，"Enter"键作用是_____，"F10"键作用是_____。

友情提示

JISUANJI ZUZHUANG
YU WEIHU
YOUQINGTISHI

　　更改设置值，有些 BIOS 是用"Pgdn""Pgup"键来操作。

相关知识

JISUANJI ZUZHUANG
YU WEIHU
XIANGGUANZHISHI

　　（1）在完成 BIOS 设置中最大的难题就是英文单词太多，有没有中文的 BIOS 呢？有！这就是 EFI。可扩展固件接口（英文名 Extensible Firmware Interface，EFI）是由英特尔公司推出的一种在未来的类 PC 的计算机系统中替代 BIOS 的升级方案。

　　（2）BIOS 技术的兴起源于 IBM PC/AT 机器的流行以及第一台由康柏公司研制生产的"克隆"PC。在 PC 启动的过程中，BIOS 担负着初始化硬件，检测硬件以及引导操作系统的责任，在早期，BIOS 还提供一套运行时的服务程序给操作系统及应用程序使用。BIOS 程序存放于一个掉电后内容不会丢失的只读存储器中，系统加电时处理器的第一条指令的地址会被定位到 BIOS 的存储器中，便于使初始化程序得到执行。

NO.1

[任务三]

标准 CMOS 特性设置

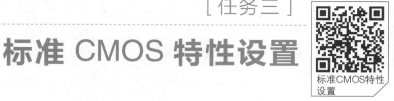

微课

标准CMOS特性设置

通过本任务的学习，要求你：

- 了解标准 CMOS 特性设置中 CMOS 主要参数作用；
- 掌握标准 CMOS 特性设置中 CMOS 主要设置。

一、标准 CMOS 特性设置中主要参数作用

1.进入"Standard CMOS Features"

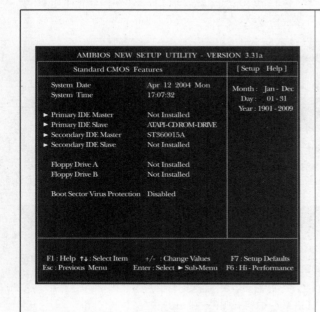

在 BIOS 界面选中"Standard CMOS Features"按"Enter"键进入如左图所示的标准 COMS 特征设置界面,在这个界面中可对计算机的基本信息进行设定,如系统的日期、时间、主从盘等。

2.标准 CMOS 特性设置中主要参数的作用

CMOS 主要参数的作用如表 5.1 所示。

表 5.1　标准 CMOS 特性设置中各选项的作用

选　项	作　用
System Date	设置当前系统的日期
System Time	设置当前系统的时间
Primary IDE Maste r	表示 IDE 通道的第一主盘上是否有 IDE 设备
Primary IDE Slave	表示 IDE 通道的第一从盘上是否有 IDE 设备
Secondary IDE Master	表示 IDE 通道的第二主盘上是否有 IDE 设备
Secondary IDE Slave	表示 IDE 通道的第二从盘上是否有 IDE 设备
Boot Sector Virus Protection	病毒警告

二、标准 CMOS 特性中的主要设置

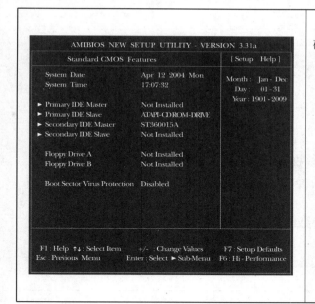

观察怎样修改日期、时间,怎样查看磁盘信息等并记录结果:

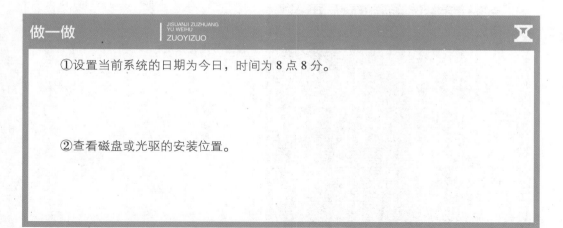

做一做　JISUANJI ZUZHUANG YU WEIHU ZUOYIZUO

①设置当前系统的日期为今日,时间为 8 点 8 分。

②查看磁盘或光驱的安装位置。

相关知识　JISUANJI ZUZHUANG YU WEIHU XIANGGUANZHISHI

在标准 CMOS 特性设置中,选择已安装好硬盘的项,按"Enter"键进入,可以看到硬盘的型号、大小。

[任务四]　　　　　　　　　　　　　　　　NO.4

高级 BIOS 特性设置

通过本任务的学习，要求你：

- 了解高级 BIOS 特性设置主要参数作用；
- 掌握高级 BIOS 特性设置中的主要设置。

一、高级 BIOS 特性设置主要参数的作用

1.进入 Advanced BIOS Features

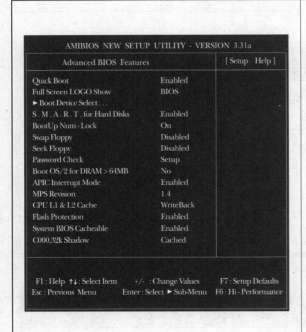

在 BIOS 界面选中"Standard BIOS Features"项，按"Enter"键进入如左图所示的界面，它可对计算机的启动顺序、密码检查等进行设定。

2.高级 BIOS 特性设置中主要参数的作用

BIOS 主要参数的作用如表 5.2 所示。

表 5.2　标准 BIOS 特性设置中各选项的作用

选 项	作 用
Quick Boot	该项的主要功能是加速系统加电自测过程,它将跳过一些自测试,使引导过程加快
Full Screen LOGO Show	设定开机时是否显示 LOGO
Boot Device Select	设定开机启动顺序,在该选项下有 FLOPPY、IDE 和 CDROM 等选项
S.M.A.R.T. for Hard Disks	启用该选项后,BIOS 将检测硬盘的状况
BootUp Num-Lock	该选项用来设置小键盘的默认状态。当设置为 On 时,系统启动后,小键盘的缺省为数字状态;设为 Off 时,系统启动后,小键盘的默认状态为箭头状态
Password Check	默认为 Setup,表示在开机时不要求输入密码。若设置为 Always,则在开机时将检测密码
Boot OS/2 for	其值有两项,Enablen 表示使用 OS/2 操作系统且内存超过 64 MB
DRAM>64 MB	Disabled 表示不使用 OS/2 操作系统且内存小于 64 MB
APIC Interrupt Mode	设置 APIC 的中断模式,默认为 Enabled,即自动管理
CPU L1 & L2 Cache	设置 CPU L1 和 L2 级缓存的方式,默认为 WriteBack(回写式)
MPS Revisiony	设置用两个 CPU 时,选用的处理器版本
Flash Protection	是否开启 Flash 的保护,若设置为 Enabled 将不能刷新 BIOS
System BIOS Cacheable	设置为 Enabled 后将把 BIOS 映射到内存中,以提高系统的运行速度和改善系统的性能
C000,23 KB Shadow	映射 32 kB 以下的低端内存作为其他扩充卡的 ROM 映射区

二、高级 BIOS 特性中的主要设置

```
AMIBIOS NEW SETUP UTILITY - VERSION 3.31a

Advanced BIOS Features                  [ Setup  Help ]

Quick Boot                     Enabled
Full Screen LOGO Show          BIOS
► Boot Device Select . . .
S . M . A . R . T . for Hard Disks    Enabled
BootUp Num - Lock              On
Swap Floppy                    Disabled
Seek Floppy                    Disabled
Password Check                 Setup
Boot OS/2 for DRAM > 64MB      No
APIC Interrupt Mode            Enabled
MPS Revision                   1.4
CPU L1 & L2 Cache             WriteBack
Flash Protection               Enabled
System BIOS Cacheable          Enabled
C000,32k Shadow                Cached


F1 : Help  ↑↓ : Select Item    +/- : Change Values    F7 : Setup Defaults
Esc : Previous Menu    Enter : Select ► Sub-Menu    F6 : Hi - Performance
```

　　观察并记录修改启动顺序、加快启动速度、使开机时检查密码的设置步骤。

做一做

JISUANJI ZUZHUANG
YU WEIHU
ZUOYIZUO

①设置光驱为第一启动顺序。

②设置开机时进行密码检查。

相关知识

JISUANJI ZUZHUANG
YU WEIHU
XIANGGUANZHISHI

可设置如下项目来加快系统启动速度:

- Quick Boot 设为 Enabled;

- 将 Full Screen LOGO Show 设为不显示;

- 将 Boot Device Select 设为启动硬盘。

Seek Floppy 设为 Disabled。

微课

集成外设设置

[任务五]

设置集成外设

通过本任务的学习,要求你:

- 了解集成外设参数设置的作用;

- 掌握集成外设参数的主要设置。

一、集成外设设置中外设参数的作用

1.进入"Integrated Peripherals"

AMIBIOS NEW SETUP UTILITY - VERSION 3.31a Integrated Peripherals ┊ [Setup Help] USB Controller Enabled USB Legacy Support Disabled On - Chip IDE Both ONChip LAN Enabled Load OnChip LAN Enabled AC' 97 Audio Auto AC' 97 Modem Auto ▶ Set Super I/O F1 : Help ↑↓: Select Item +/- : Change Values F7 : Setup Defaults Esc : Previous Menu Enter : Select ▶ Sub-Menu F6 : Hi - Performance	在 BIOS 界面选中"Integrated Peripherals"项,按"Enter"键进入如左图所示的界面,它可对启用/禁用集成声卡、网卡,启用/禁用 USB 接口等进行设置。

2.集成外设设置中主要参数的作用

集成外设设置的主要参数的作用如表 5.3 所示。

表 5.3 集成外设设置中各选项的作用

选 项	作 用
USB Controller	设置 USB 控制器是否启用
USB Legacy Support	主板是否支持 USB 2.0,默认值设为 Auto
On-Chip IDE	设置主板上 IDE 通道开启的数目,默认值是 Both
OnChip LAN	设置主板上的集成网卡状况
AC'97 Audio	设置是否开启主板上的音频设备
AC'97 Modem	设置是否开启主板上的 Modem
Set Super I/O	设置主板上 PCI 插槽所占用的 I/O 中断

二、集成外设设置中外设参数的主要设置

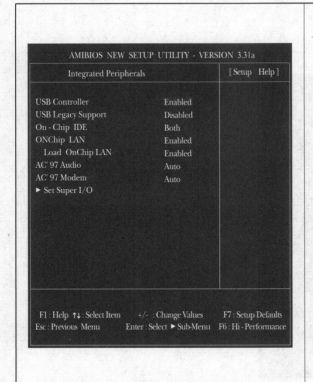

观察并记录怎样启用/禁用集成声卡、网卡、USB 接口的操作步骤。

```
AMIBIOS NEW SETUP UTILITY - VERSION 3.31a

Integrated Peripherals                    [ Setup  Help ]

USB Controller              Enabled
USB Legacy Support          Disabled
On - Chip  IDE              Both
ONChip  LAN                 Enabled
  Load  OnChip LAN          Enabled
AC' 97 Audio                Auto
AC' 97 Modem                Auto
► Set Super I/O




F1 : Help ↑↓ : Select Item    +/- : Change Values    F7 : Setup Defaults
Esc : Previous  Menu      Enter : Select ► Sub-Menu   F6 : Hi - Performance
```

做一做
JISUANJI ZUZHUANG
YU WEIHU
ZUOYIZUO

①禁用主板集成的声卡。

②禁用主板集成的网卡。

③禁用 USB 接口。

相关知识
JISUANJI ZUZHUANG
YU WEIHU
XIANGGUANZHISHI

在学生机房中若要禁止学生使用 USB 接口，即不准使用优盘，只需将 USB Controller 设置为 Disabled 即可。

[任务六]

了解计算机健康状态

微课

计算机健康状态
的设置

通过本任务的学习,要求你:

● 了解计算机健康状态参数的含义。

一、计算机健康状态界面

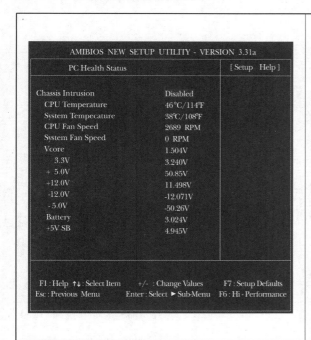

在 BIOS 界面选中"PC Health Status"项,按"Enter"键进入如左图所示的界面,它可检测该计算机的健康状态。

二、了解计算机的健康状态

计算机健康状态界面中显示了该计算机的 CPU 的温度、系统温度、系统风扇的转速和 CPU 工作电压等信息,从而可以判断该计算机的健康状态。

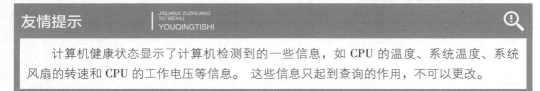

友情提示   JISUANJI ZUZHUANG
YU WEIHU
YOUQINGTISHI

计算机健康状态显示了计算机检测到的一些信息,如 CPU 的温度、系统温度、系统风扇的转速和 CPU 的工作电压等信息。 这些信息只起到查询的作用,不可以更改。

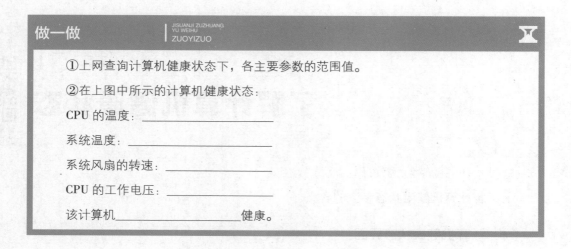

做一做 JISUANJI ZUZHUANG YU WEIHU ZUOYIZUO

①上网查询计算机健康状态下，各主要参数的范围值。

②在上图中所示的计算机健康状态：

CPU 的温度：＿＿＿＿＿＿＿＿＿＿＿＿

系统温度：＿＿＿＿＿＿＿＿＿＿＿＿

系统风扇的转速：＿＿＿＿＿＿＿＿

CPU 的工作电压：＿＿＿＿＿＿＿＿

该计算机＿＿＿＿＿＿＿＿＿＿健康。

微课

加载BIOS默认
参数

［任务七］

NO.7

加载 BIOS 默认参数

通过本任务的学习，要求你：

- 了解加载 BIOS 默认参数的作用；
- 了解加载 BIOS 默认参数的适用范围；
- 会加载 BIOS 参数。

一、加载 BIOS 默认参数的作用

在 BIOS 界面中找到"Load BIOS Setup Defaults"项，按"Enter"键进入如左图所示的界面,它的作用是加载 BIOS 默认参数。

观察并记录下上图界面中的选项名称并标出它们的含义。

二、加载 BIOS 默认参数的适用范围

选择该选项后,BIOS 将读取该主板默认的设置,即出厂时的 BIOS 设置。但不能恢复设置的密码。

将 BIOS 恢复到出厂时的设置。

除了可以载入默认的启动设置,还可以使用 "Load High Performance Defaults" 项载入默认的优化设置。

NO.8

[任务八]

设置用户密码和管理密码

微课

设置用户密码和管理密码

通过本任务的学习,要求你:

- 了解设置用户密码的作用及适用范围;
- 了解设置管理密码的作用及适用范围;
- 会设置用户密码和管理密码。

一、设置用户密码的作用及适用范围

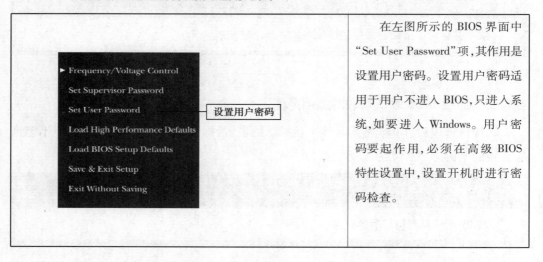

在左图所示的 BIOS 界面中"Set User Password"项,其作用是设置用户密码。设置用户密码适用于用户不进入 BIOS,只进入系统,如要进入 Windows。用户密码要起作用,必须在高级 BIOS 特性设置中,设置开机时进行密码检查。

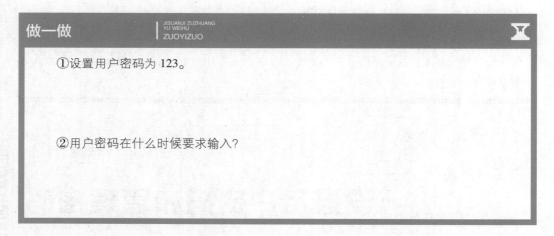

做一做 JISUANJI ZUZHUANG YU WEIHU ZUOYIZUO

①设置用户密码为 123。

②用户密码在什么时候要求输入?

二、设置管理密码的作用及适用范围

在左图所示的 BIOS 界面中"Set Supervisor Password"项,其作用是设置管理密码。设置管理密码适用于管理员进入 BIOS 并设置 BIOS 参数。

①设置管理密码为 admin。

②管理密码在什么时候要求输入?

用户密码与管理密码的区别

用户密码是用来设置开机密码，它必须与 Advanced BIOS Features 中的 Password Check 项配合使用。管理密码是进入 BIOS 设置所需要的密码。

BIOS 病毒

在硬件飞速发展的今天，为了让主板支持新硬件，BIOS 通常保存在一种可读写的芯片（ROM）上，方便 BIOS 更新升级，因其写入速度快，故名 Flash ROM。但这也给病毒带来了可乘之机，一旦破坏 BIOS 程序，主板根本不能使用，一般表现形式是开机就是黑屏，计算机无任何反应。目前发现破坏 BIOS 比较严重的是 CIH 病毒，以后将会出现与此相似而破坏 BIOS 的病毒。

为了防范这种病毒，在 BIOS 设置好后，应将 Advanced BIOS Features 中的 Flash Protection 项设置为 Enabled。

▶思考与练习

一、填空题

（1）在台式机上，开机时按"Del"可以进入_____。

（2）要修改计算机的时间，可以进入 BIOS 的_____菜单中完成。

（3）要修改存储设备的启动顺序，可以进入 BIOS 的_____菜单中完成。

（4）要设置计算机的开机口令,须完成两步:第一步进入 BIOS 的高级 BIOS 设置菜单中,修改 Password Check 的值为_____;第二步进入 BIOS 的设置用户密码菜单中,设置项为_____。

（5）在设置 BIOS 参数的过程中,Enabled 的意思是_____,Disabled 的意思是_____。

（6）从子菜单中返回上一级菜单的按键是_____,直接保存并退出的按键是_____。

（7）可以在 BIOS 中的_____菜单项中查看计算机的 CPU 温度等信息。

（8）如果初学者把 BIOS 设置调乱了,可以进入 BIOS 的_____菜单中载入默认的出厂设置。

（9）不准一般用户随意修改 BIOS 设置,设置进入 BIOS 的密码项是_____。

二、判断题

（1）所有的计算机进入 BIOS,都按"Del"。 （　　）

（2）计算机的时间一般是出厂就设置好的,不会出错,没有必要调整,也不可能调整。 （　　）

（3）管理密码和用户密码的作用是一样的。 （　　）

（4）集成的声卡和显卡是主板自带的,没有办法不让它们工作。 （　　）

（5）计算机系统的启动只能由硬盘完成。 （　　）

（6）设置好的 BIOS 参数必须保存,在下次开机才能起作用。 （　　）

（7）载入默认的出厂设置,计算机的系统时间也恢复到出厂时的值了。 （　　）

（8）遗忘了管理密码,就无法进入 BIOS 设置了。 （　　）

（9）BIOS 设置不正确可能造成无法开机。 （　　）

▶上机实验

在计算机硬件实验室中完成以下实验:
①进入 BIOS。
②熟练掌握 BIOS 中的各种热键。
③进入标准 CMOS 特性设置,修改计算机时间。
④进入高级 BIOS 特性设置,修改启动顺序。
⑤进入集成外设设置,启用/禁用声卡。

⑥进入 PC 健康状态，观察 CPU 工作情况。

⑦加载 BIOS 默认参数，恢复出厂设置。

⑧设置用户密码和管理密码。

▶实训项目

某天一位客户的计算机系统坏了，给你打电话问怎样设置 BIOS，以便于用光盘启动重装系统，请把你所学的知识告诉他吧。

模块六 / 安装操作系统

作为一名计算机装机人员，你还应该会安装操作系统。

学习完本模块后，你将能够：

+ 掌握升级安装 Windows 10 操作系统的操作技能；

+ 掌握修复性安装 Windows 10 操作系统的操作技能。

[任务一]

升级安装 Windows 10 操作系统

通过本任务的学习,要求你:

- 了解升级安装 Windows 10 操作系统的要求和准备;
- 掌握升级安装 Windows 10 操作系统的过程和方法。

一、安装 Windows10 操作系统的硬件要求

- CPU 双核或以上。
- 内存在 2 GB 以上。
- 其他电脑硬件只要系统兼容即可。

二、做好安装准备工作

- 提前在 Microsoft 官方网站下载 Windows 10 操作系统的 ISO 映像文件。下载时
  注意选择硬件支持的版本(32 位或 64 位)。
- 做好解压工具。
- 做好重要文件的备份(数据无价)。

三、安装 Windows10 操作系统

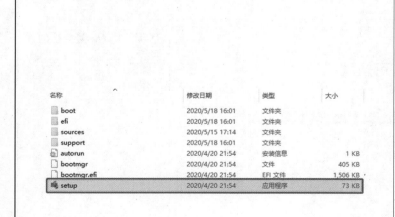

有两种解压方法,如果下载的文件不是 ISO 镜像就需要其他的解压工具,以下讲解的是 ISO 镜像方法。

①把 Windows 10 原版镜像文件解压到 C 盘之外的分区,如 D 盘,双击"setup.exe"。

注意:采用这种安装方法安装操作系统需要计算机能够正常开启,适用于不需要进行重新分区的用户。

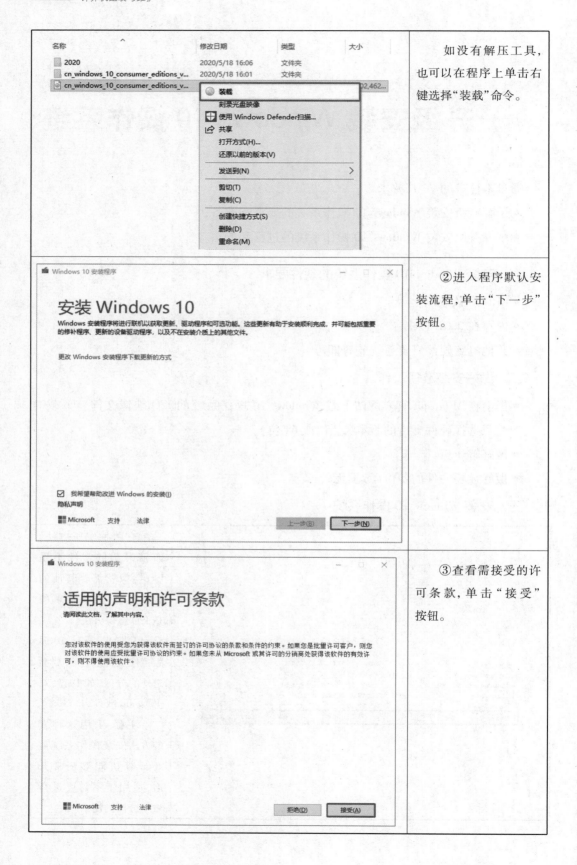

如没有解压工具，也可以在程序上单击右键选择"装载"命令。

②进入程序默认安装流程，单击"下一步"按钮。

③查看需接受的许可条款，单击"接受"按钮。

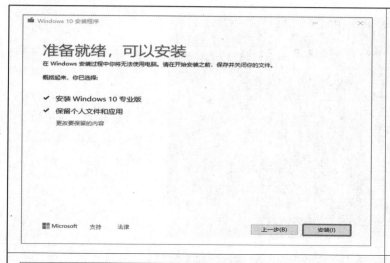

④需要注意：如不需保留 C 盘（系统盘）内容可直接开始安装，单击"安装"按钮。

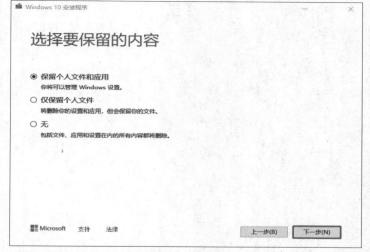

也可选择要保留的文件和应用（如果已提前备份，就建议不保留），单击"下一步"按钮，开始安装。

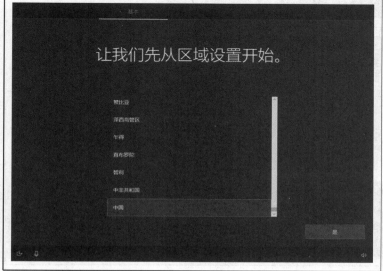

⑤在安装过程中，计算机会进行多次重启，完成后自动进入系统设置。这个过程需要一些时间，安装过程中一定不要断电。

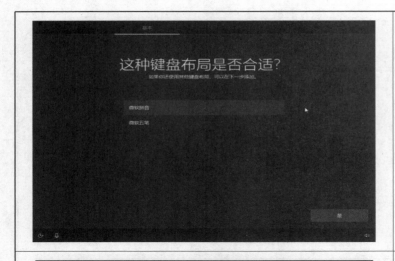

⑥选择自己常用的输入法布局。键盘布局的设置可先跳过，如有需要可以在之后进行设置，选择个人使用的设置即可，单击"下一步"按钮。

⑦选择针对何种身份设置系统，可以选择"个人"或"组织"中的一个。如果是个人使用（非办公室共同使用的情况）选择"针对个人使用进行设置"，单击"下一步"按钮。

⑧使用 Microsoft 账号登录。

此步，可以使用已有的账号登录；没有账号的用户可以选择创建新账户登录或先选择"脱机账户"，然后单击"下一步"按钮。

⑨为计算机创建一个账户名,如用户名:123,单击"下一步"按钮。

⑩创建一个开机登录密码,如不需要可直接单击"下一步"按钮。建议设置一个密码,确保计算机的使用安全。

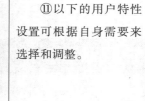

⑪以下的用户特性设置可根据自身需要来选择和调整。

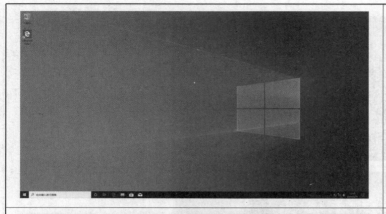

⑫系统会自动完成设置的配置,进入Windows 10界面。看见此界面,说明Windows 10操作系统安装完成。

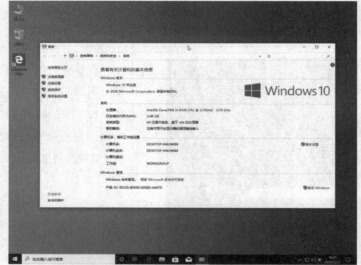

⑬设置桌面的常用图标。在桌面单击右键选择"个性化",在"设置"窗口中选择"主题",单击"鼠标图片设置",勾选所需要的图标即可。

最后可右键单击"此电脑",选择"属性",查看系统的激活情况。

至此操作系统安装完成。

相关知识

● 若是全新的计算机硬件(无预装操作系统)安装 Windows 10 操作系统,则通过制作系统安装 U 盘或光盘的方式进行安装。 制作的方法同样是在 Microsoft 官方网站下载系统安装文件,在下载中选择安装方式时,选择制作系统安装 U 盘或光盘的方式即可。 随后,通过启动运行下载有系统安装文件的 U 盘或光盘导入系统安装程序。

● Windows 10 安装程序按照向导进行设置。 主要流程如下:

①安装系统初始设置界面(设置内容有语言、时间格式、货币格式、键盘和输入方法)。

②输入激活系统的产品密钥。

③选择安装系统的版本(有家庭版、有家庭单语言版、教育版、专业版),根据购买的正版产品密钥选择对应的安装版本。

④选择安装的类型（升级或自定义），因为是全新计算机（无资料数据），直接选择自定义（仅安装 Windows）。

⑤选择安装的驱动器及分区。 这里可以对硬盘进行分区（创建新分区、删除分区、加载驱动程序的操作指令）和格式化。 完成后，再选择需要安装系统的硬盘及分区加载系统程序。 有多个硬盘时，选择指定安装系统的固态硬盘（若没有固态硬盘，就选择 0 编号的硬盘驱动器）及对应的分区。

⑥按程序向导完成后续默认设置，即可完成系统安装。

NO.2

[任务二]

修复性安装 Windows 10 操作系统

通过本任务的学习,要求你:

- 掌握启动 U 盘的制作;
- 掌握修复性安装 Windows 10 操作系统的过程和方法。

用 U 盘 PE 启动安装 Windows 10 操作系统（即 Microsoft 官方网站下载的 ISO 文件）,当原系统损坏、崩溃或 Windows 10 升级异常导致系统启动不了时,都可以使用 U 盘启动来修复/重装系统,U 盘 PE 重装非常灵活。

一、前期准备

- 原系统重要文件备份。
- 8 G 或以上容量的 U 盘 。
- 启动 U 盘制作工具箱(工具不唯一,请务必使用纯净无捆绑的工具)。
- 在 Microsoft 官方网站下载 Windows 10 ISO 映像文件,放置在 U 盘里。

二、制作启动 U 盘

▲ 有可移动存储的设备 (1) 系统库 (J:) 28.6 GB 可用，共 28.6 GB	①连接一个空白 U 盘。

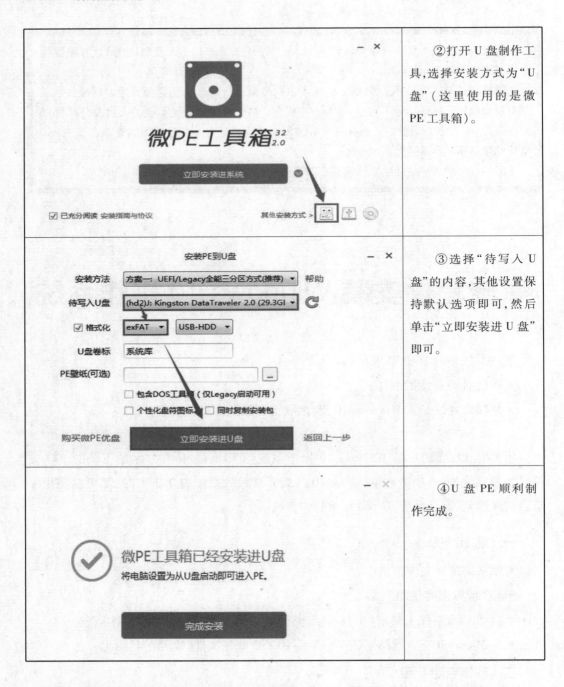

②打开 U 盘制作工具,选择安装方式为"U 盘"(这里使用的是微 PE 工具箱)。

③选择"待写入 U 盘"的内容,其他设置保持默认选项即可,然后单击"立即安装进 U 盘"即可。

④U 盘 PE 顺利制作完成。

制作 U 盘的格式建议选择支持单文件大于 4 G 的 exFAT 或 NTFS 格式。

请注意备份原 U 盘的资料。

三、修复性安装 Windows 10 操作系统

各品牌主板、笔记本、台式机启动快捷键大全					
组装机主板		品牌笔记本		品牌台式机	
主板品牌	启动按键	笔记本品牌	启动按键	台式机品牌	启动按键
华硕主板	F8	联想笔记本	F12	联想台式机	F12
技嘉主板	F12	宏基笔记本	F12	惠普台式机	F12
微星主板	F11	华硕笔记本	ESC	宏基台式机	F12
映泰主板	F9	惠普笔记本	F9	戴尔台式机	ESC
梅捷主板	ESC或F12	联想Thinkpad	F12	神舟台式机	F12
七彩虹主板	ESC或F11	戴尔笔记本	F12	华硕台式机	F8
华擎主板	F11	神舟笔记本	F12	方正台式机	F12
斯巴达卡主板	ESC	东芝笔记本	F12	清华同方台式机	F12
昂达主板	F11	三星笔记本	F12	海尔台式机	F12
双敏主板	ESC	索尼笔记本	ESC	明基台式机	F8
翔升主板	F10	IBM笔记本	F12		
精英主板	ESC或F11	富士通笔记本	F12		
冠盟主板	F11或F12	海尔笔记本	F12		
富士康主板	ESC或F12	方正笔记本	F12		
顶星主板	F11或F12	清华同方笔记本	F12		
铭瑄主板	ESC	微星笔记本	F11		
盈通主板	F8	明基笔记本	F9		
捷波主板	ESC	技嘉笔记本	F12		
Intel主板	F12	雷神笔记本	F12或ESC		
杰微主板	ESC或F8	机械革命	F10		
致铭主板	F12	未来人类	F7		
磐英主板	ESC	Gateway	F12		
磐正主板	ESC	eMachines	F12		
冠铭主板	F9	小米笔记本	F12		
		苹果笔记本	长按 "option" 键		

注:其它机型请尝试或参考以上品牌常用启动热键

①在左表中查阅计算机对应的快捷启动热键,重启计算机时不停按启动热键(一般是 F12 或 ESC),直到出现启动选择界面。

提醒:按启动热键前,确保计算机已经正常连接 U 盘。

②在弹出的启动界面中选择 U 盘启动盘。

除此之外,也可以通过 BIOS 设置启动选项为 USB 来实现。

③进入界面后打开"CGI 备份还原"。

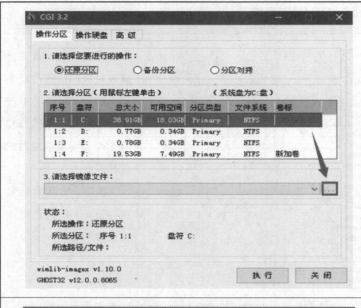

④依次选择安装盘（一般为 C 盘）和镜像文件，然后单击"执行"按钮。

这里硬盘分区使用的 NTFS 文件系统格式比早期 FAT32 文件系统格式性能更好，表现在 NTFS 支持 2 TB 的分区，支撑安全设置，对文件存储空间的管理和利用率更好。

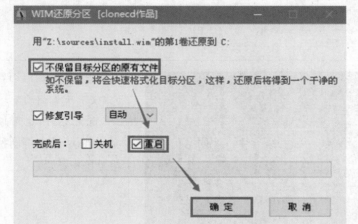

⑤选择是否保留原系统内容和自动重启，此时可拔掉 U 盘。前一步还原完成并重启后会进入系统部署过程，整个过程比较简单，详细内容可参考任务一的操作。

⑥系统的配置过程和全新安装系统一样。依次是国家、输入法、账号、密码设置、个人信息设置，在配置过程中计算机会出现几次重启。当出现左图所示界面时，表示系统安装完成。因 Windows10 操作系统有多个不同的版本，所以安装过程中有部分配置选项及界面略有不同。

► **思考与练习**

一、填空题

（1）Windows 10 系统安装的镜像文件有_____、BIN、IMG、TAO、DAO、CIF、FCD 等格式。

（2）U 盘启动的系统安装适合在_____条件下使用，升级性系统安装需要在_____条件下进行。

（3）Windows10 系统中，磁盘的文件系统格式为_____。

（4）安装 Windows 10 64 位系统的计算机，其内存容量最好在_____以上。

二、判断题

（1）磁盘分区后，文件分别存储到不同的盘中，使用起来就不方便了。　　（　　）

（2）NTFS 格式化的文件系统比 FAT 32 的安全性好。　　（　　）

（3）Windows 10 64 位系统对计算机硬件的要求比 Windows 10 32 位系统对计算机硬件的要求更高。　　（　　）

（4）如果 Windows 系统没有带硬件的驱动程序，该硬件是无法安装驱动的。

　　　　　　　　　　　　　　　　　　　　　　　　　　（　　）

► **上机实验**

安装操作系统：

①制作自己的启动 U 盘。

②安装 Windows 10 操作系统。

模块七 / 安装与卸载应用软件

作为一名计算机装机人员,还应该会安装与卸载应用软件。

学习完本模块后,你将能够:

+ 添加 Windows 组件程序;

+ 安装常用软件;

+ 卸载软件。

NO.1

[任务一]

添加 Windows 组件程序

通过本任务的学习,要求你:

• 了解 Windows 组件程序;

• 掌握添加组件的方法。

一、Windows 组件程序的简介

Windows 组件程序是内置或捆绑在 Windows 中的一些软件程序,如 IE 和附件中的工具等。组件程序在 Windows XP 的"控制面板"的"添加删除程序"中,而在 Windows 7 的"控制面板"的"程序"中。

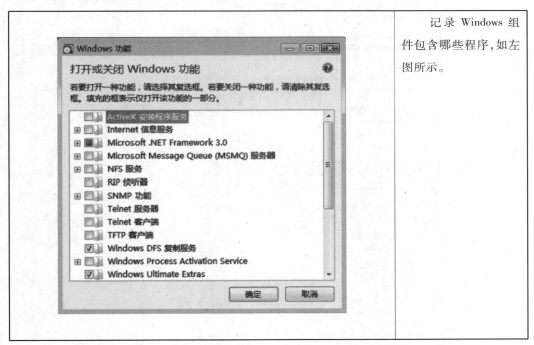

记录 Windows 组件包含哪些程序,如左图所示。

做一做   JISUANJI ZUZHUANG YU WEIHU ZUOYIZUO

"Internet 信息服务"组件的作用是什么?

二、添加组件的操作步骤

本任务以添加 IIS 组件为例,介绍添加组件的过程。

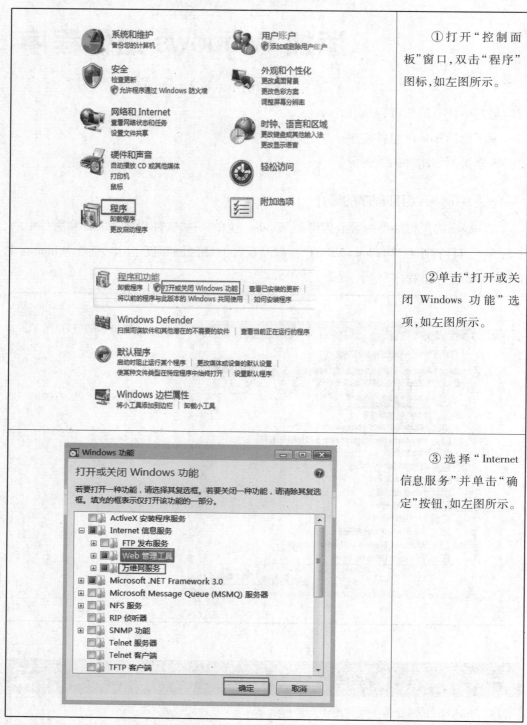

①打开"控制面板"窗口,双击"程序"图标,如左图所示。

②单击"打开或关闭 Windows 功能"选项,如左图所示。

③选择"Internet 信息服务"并单击"确定"按钮,如左图所示。

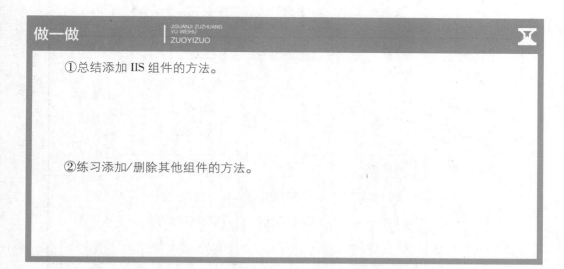

做一做 JISUANJI ZUZHUANG YU WEIHU ZUOYIZUO

①总结添加 IIS 组件的方法。

②练习添加/删除其他组件的方法。

友情提示 JISUANJI ZUZHUANG YU WEIHU YOUQINGTISHI

　　在 Windows XP 以前都叫 Windows 组件,但是到了 Windows 7 之后,不叫这个名字了,它们实质上是系统自带的程序,添加/删除这些程序,有时仅仅是使这些程序的功能起作用或不起作用,故 Windows 7 中叫"打开/关闭 Windows 功能"。

NO.2

[任务二]

安装常用软件

通过本任务的学习,要求你:

- 了解常用软件;
- 会安装 WinRAR;
- 会安装杀毒软件。

一、常用软件介绍

　　安装好操作系统后的计算机功能是有限的,还不能完成一些日常工作,还需要安装一些常用软件来实现,如表 7.1 所示。

表7.1 常用软件

下载工具	系统工具	网络电视	中文输入	证券股票
迅雷 eMule(电驴) QQ旋风	360安全卫士 WinRAR 驱动精灵 驱动人生	PPS 风行 UUSee PPTV	搜狗输入法 极品五笔 QQ拼音	大智慧 同花顺
即时聊天	视频播放	音频播放	游戏平台	游戏辅助
腾讯QQ MSN	暴风影音 快播qvod Flash Player	千千静听 酷我音乐盒	QQ游戏中心 联众游戏大厅 浩方电竞平台	多玩YY IS语音 新浪UT
插件清理	病毒查杀	浏览器/邮件工具	阅读/图像	手机软件
金山清理专家 卡卡安全助手 鲁大师	瑞星杀毒 金山杀毒 360卫士	IE 傲游 火狐 Foxmail	Adobe Reader ACDSee 美图秀秀	UCWEB 天天动听 来电通 360手机助手

二、安装 WinRAR

WinRAR 是一个常用的压缩/解压软件,其安装步骤如下:

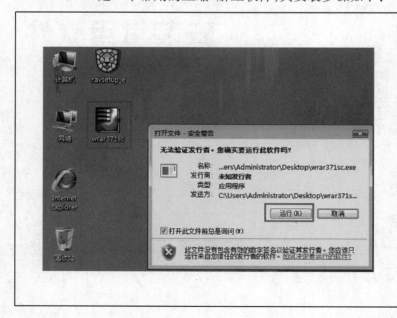

①运行 WinRAR 程序安装向导,如左图所示。

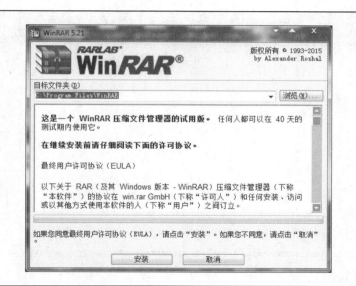

②选择程序安装路径，如左图所示。

③选择 WinRAR 软件功能可选项，如左图所示，可实现 WinRAR 软件的关联文件类型设置等功能。

④完成 WinRAR 软件安装，如左图所示，现在可单击"运行 WinRAR"按钮使用该软件。

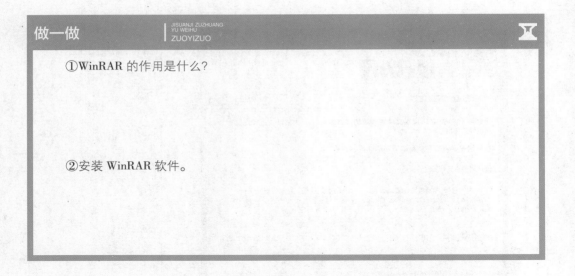

做一做

JISUANJI ZUZHUANG YU WEIHU
ZUOYIZUO

①WinRAR 的作用是什么?

②安装 WinRAR 软件。

三、安装千千静听播放器软件

以千千静听播放器软件安装为例,掌握播放软件的安装方法。

①运行千千静听播放器软件安装向导程序。

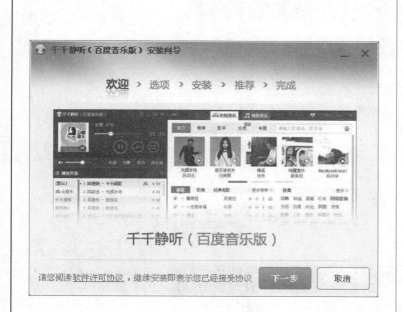

②进入千千静听播放器软件的程序安装向导界面,如左图所示。

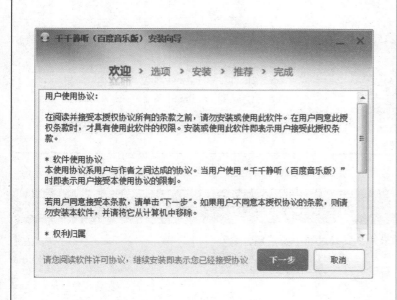

③接受千千静听播放器对该软件的用户许可协议,如左图所示。

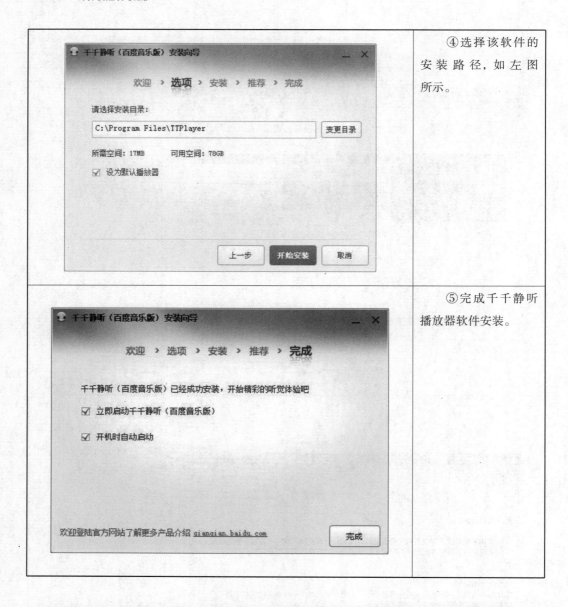

④选择该软件的安装路径，如左图所示。

⑤完成千千静听播放器软件安装。

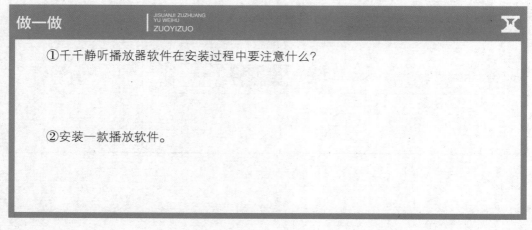

做一做

JISUANJI ZUZHUANG
YU WEIHU
ZUOYIZUO

①千千静听播放器软件在安装过程中要注意什么？

②安装一款播放软件。

相关知识 JISUANJI ZUZHUANG YU WEIHU XIANGGUANZHISHI

　　一般情况下，在系统装好之后都要安装一些常用的软件。除了上面讲到的两种软件外，还要安装 Office 软件、QQ 软件、五笔输入法、杀毒软件等常用软件。

NO.3

［任务三］

卸载软件

通过本任务的学习,要求你:

● 会通过控制面板卸载软件;

● 会通过软件自带卸载程序卸载软件。

一、通过控制面板卸载软件

本任务以卸载千千静听软件为例,掌握通过控制面板卸载软件。

①通过"控制面板"运行 Windows 系统中的"卸载程序",如左图所示。

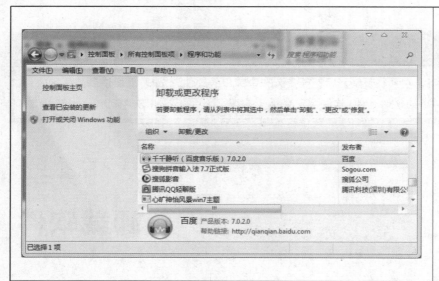

②选择要删除的软件,单击"卸载"选项,如左图所示。

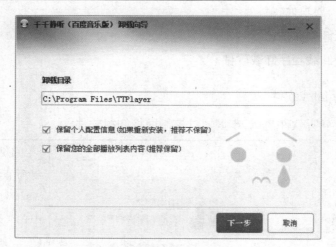

③查看卸载软件信息是否正确。

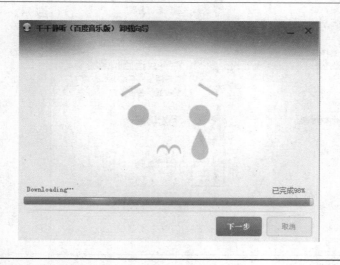

④执行卸载程序,卸载程序将自动执行卸载任务。

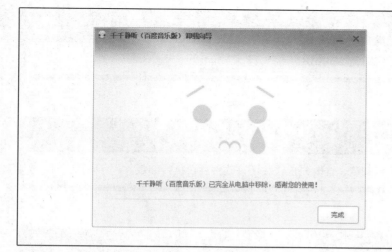

⑤完成千千静听软件的卸载，如左图所示。

做一做 JISUANJI ZUZHUANG YU WEIHU ZUOYIZUO

①在卸载过程中应注意什么？

②通过控制面板卸载杀毒软件。

二、通过软件自带程序卸载软件

本任务以 WinRAR 的卸载为例，掌握通过软件自带卸载程序卸载软件。

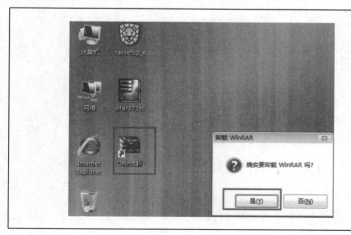

观察并记录通过软件 WinRAR 软件自带的卸载程序卸载软件的步骤。

做一做

JISUANJI ZUZHUANG
YU WEIHU
ZUOYIZUO

通过软件自带卸载程序卸载 WinRAR。

友情提示

JISUANJI ZUZHUANG
YU WEIHU
YOUQINGTISHI

有些软件在运行时不能卸载，这时先应该关闭该软件后再执行卸载。

相关知识

JISUANJI ZUZHUANG
YU WEIHU
XIANGGUANZHISHI

有些软件用常规的方法是不能很好地卸载，可以用一些工具来完成，如优化大师、兔子魔法、360 安全卫士等。

▶思考与练习

一、填空题

（1）Windows 组件在 Windows 7 中_____可以找到。

（2）进入 Windows 7 的组件功能的打开或关闭窗口的方法是_____。

（3）安装常用软件的过程中，都应该考虑_____，尽量不要安装到系统盘中。

（4）WinRAR 的作用是_____。

（5）卸载软件常用的方法有_____和_____。

二、判断题

（1）Windows XP 和 Windows 7 的组件的添加方法完全一样。　　　　　（　　）

（2）在网上下载的应用程序，要安装，有时得先解压。　　　　　（　　）

（3）发现计算机速度变慢，怀疑有了病毒，这时是安装杀毒软件的最佳时机。

（　　）

（4）要删除一个应用软件，只要找到它的安装位置，将文件夹删除就可以了。

（　　）

►上机实验

在计算机硬件实验室中完成以下实验：

①添加 IIS 组件程序。

②安装 WinRAR 和杀毒软件。

③用两种方法分别删除 WinRAR 和杀毒软件。

►实训项目

岗位演练：某天一位客户的计算机系统重装后，你能按客户的要求帮助他安装各种应用软件。

计算机性能测试

计算机系统组装部门完成硬件组装与软件安装后将其移交到检查人员那里,他们将对组装好的计算机系统进行测试。在完成本部分的学习后你将成为一名出色的系统检查人员并打下良好的理论基础。

本部分内容包括:

测试计算机硬件系统

模块八 / 测试计算机硬件系统

作为一名计算机系统检查人员，应该对组装完成的计算机系统进行测试和评估，以便找出软硬件不兼容等配置故障问题。

学习完本模块后，你将能够：

+ 使用鲁大师测试计算机的基本信息和性能；

+ 使用 CPU-Z 和 AIDA64 测试处理器的参数信息和稳定性；

+ 使用 GPU-Z 和 Furmark 测试显卡的参数信息和稳定性；

+ 对内存和硬盘进行稳定性测试。

[任务一]

查看硬件系统

使用鲁大师软件可以快速对所组装的计算机进行硬件识别、性能测试、温度监测等操作。而且该软件是一款国产免费软件,全中文界面,操作简单,是计算机硬件测试人员的常用工具。

通过本任务的学习,要求你:

- 通过鲁大师全面了解计算机硬件参数;
- 能使用鲁大师测试计算机硬件性能;
- 能使用鲁大师检测计算机硬件温度,做好硬件防护。

一、认识鲁大师

阅读以下资料,认识鲁大师基本界面及结构。

鲁大师基本界面

鲁大师拥有简单的硬件检测功能,可以向用户提供硬件的中文信息,让计算机配置一目了然。它适合于各种品牌台式机、笔记本电脑、DIY 兼容机,它还拥有实时的关键性部件监控预警功能,能有效预防硬件故障,解除用户的后顾之忧。

二、查看计算机硬件参数

鲁大师能快速获取硬件的基本信息,帮助用户全面了解自己的计算机。

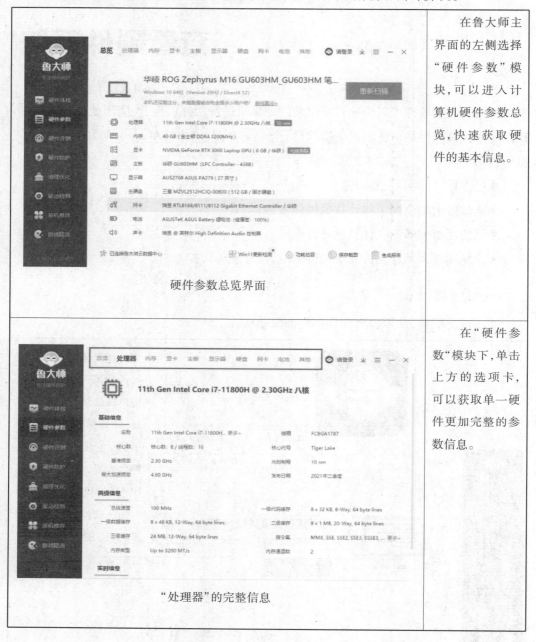

硬件参数总览界面

在鲁大师主界面的左侧选择"硬件参数"模块,可以进入计算机硬件参数总览,快速获取硬件的基本信息。

"处理器"的完整信息

在"硬件参数"模块下,单击上方的选项卡,可以获取单一硬件更加完整的参数信息。

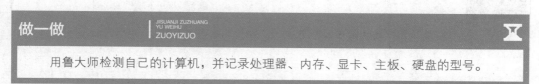

做一做 JISUANJI ZUZHUANG YU WEIHU ZUOYIZUO

用鲁大师检测自己的计算机,并记录处理器、内存、显卡、主板、硬盘的型号。

三、硬件性能测评

鲁大师的"硬件评测"模块以量化分数的形式，评测计算机硬件的性能，并且能与其他同类硬件对比。

"核心硬件评测"界面

在"硬件排行榜"上找到需要对比的硬件和分数

核心硬件性能测试会持续 8~10 分钟。完成后会以量化分数的形式，展现计算机硬件的性能。综合性能得分为处理器、显卡、内存、硬盘 4 个单项得分的总和。单项得分可以帮助用户找到硬件系统的短板。

用户可以根据"硬件排行榜"或与网络上其他计算机的得分做对比，判断自己的计算机硬件性能。

做一做
JISUANJI ZUZHUANG
YU WEIHU
ZUOYIZUO

用鲁大师检测自己的计算机硬件性能，并记录综合得分和单项得分，分析该硬件系统的整体性能情况。

四、硬件防护与温度监控

鲁大师能实时监控处理器、显卡、硬盘等硬件的情况，以数字和折线图等形式，直观地呈现给用户。

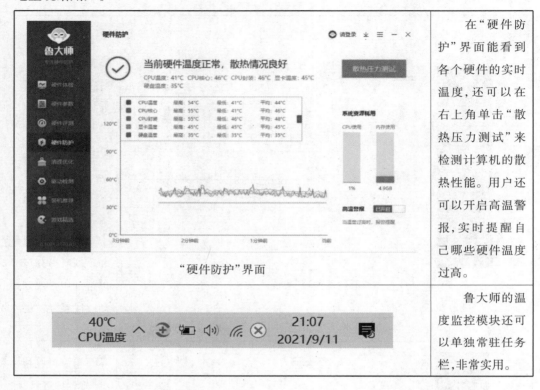

| "硬件防护"界面 | 在"硬件防护"界面能看到各个硬件的实时温度，还可以在右上角单击"散热压力测试"来检测计算机的散热性能。用户还可以开启高温警报，实时提醒自己哪些硬件温度过高。 |

鲁大师的温度监控模块还可以单独常驻任务栏，非常实用。

做一做 JISUANJI ZUZHUANG YU WEIHU ZUOYIZUO

用鲁大师进行 5 分钟的散热压力测试，记录测试中各个硬件的温度，并分析该硬件系统的散热能力。

拓展学习 JISUANJI ZUZHUANG YU WEIHU TUOZHANXUEXI

试用鲁大师其他模块的功能，并对这些功能做出使用记录和评测。

模　块	功能总结	使用感受
硬件体检		
清理优化		
驱动检测		

[任务二]

深度测试处理器

任务一中,我们使用鲁大师软件对硬件系统做了基本的了解和测试。本任务中,我们将针对处理器进行更加全面的检测,以获得专业技术人员进行计算机硬件故障排查等工作时所需要的重要信息。

通过本任务的学习,要求你:

* 通过 CPU-Z 了解更加全面的处理器信息;
* 使用 AIDA64 软件中的处理器压力测试工具,对系统进行压力测试。

一、使用 CPU-Z 获取处理器的完整信息

CPU-Z 是最常用的处理器工具,它不仅能完整地查看处理器的各项参数,还能实现核心电压、核心频率、倍频等参数的实时显示。

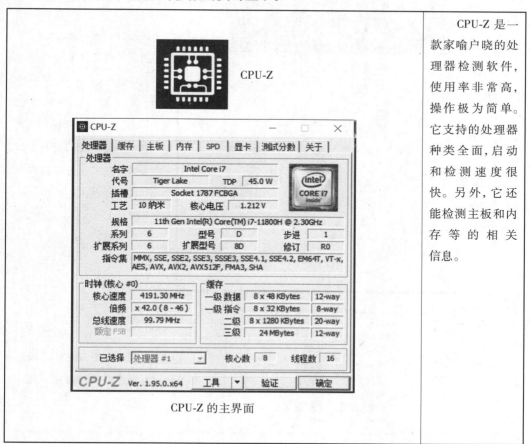

CPU-Z

CPU-Z 的主界面

CPU-Z 是一款家喻户晓的处理器检测软件,使用率非常高,操作极为简单。它支持的处理器种类全面,启动和检测速度很快。另外,它还能检测主板和内存等的相关信息。

做一做

查看 CPU-Z 的信息，填写计算机处理器的参数。

处理器型号		工艺	
核心数		线程数	
核心电压		核心速度	
倍频		三级缓存	

二、使用 AIDA64 中的"系统稳定性测试"小工具

AIDA64 能实时监控处理器、显卡、硬盘等硬件的情况，以数字和折线图等形式，直观地呈现给用户。

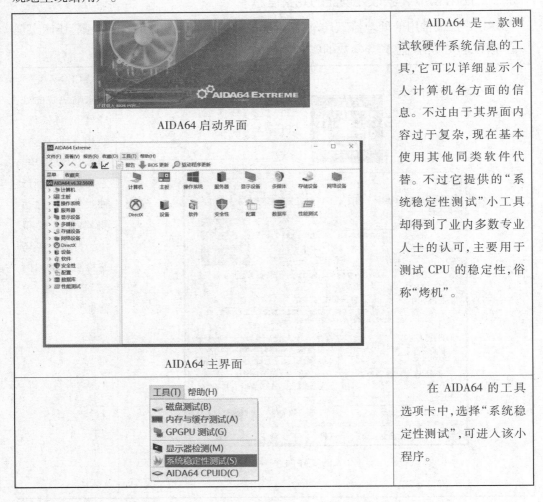

AIDA64 启动界面

AIDA64 主界面

AIDA64 是一款测试软硬件系统信息的工具，它可以详细显示个人计算机各方面的信息。不过由于其界面内容过于复杂，现在基本使用其他同类软件代替。不过它提供的"系统稳定性测试"小工具却得到了业内多数专业人士的认可，主要用于测试 CPU 的稳定性，俗称"烤机"。

在 AIDA64 的工具选项卡中，选择"系统稳定性测试"，可进入该小程序。

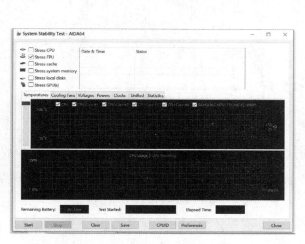

"系统稳定性测试"界面

"系统稳定性测试"小工具有独立的窗口和界面。它的功能为一边给硬件施加压力，一边监测温度。不稳定的硬件系统在该测试下，会出现花屏、死机等情况。

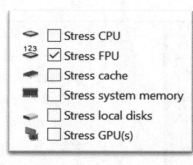

勾选"Stess FPU"选项，是业内最常用的 CPU 稳定性测试方法

在工具中选勾对应的选项，单击下方的"Start"按钮开始测试。过程不需要任何操作，运行时长在 30 分钟以上即可。如果系统无异常情况，即表示通过稳定性测试。

Stress CPU	CPU 普通压力测试
Stress FPU	CPU 极限压力测试
Stress cache	CPU 缓存压力测试
Stress system memory	内存压力测试
Stress local disks	硬盘压力测试
Stress GPU	显卡压力测试

做一做
JISUANJI ZUZHUANG
YU WEIHU
ZUOYIZUO

使用 AIDA64 中的"系统稳定性测试"小工具测试计算机，在过程中做好各个硬件的温度记录。

[任务三]

深度测试显卡

如今,显卡已经成为计算机系统中价格较高、作用巨大的硬件。显卡出现故障,对计算机系统来说是一场灾难。测试显卡的稳定性是每个专业技术人员必须掌握的技能。

通过本任务的学习,要求你:

- 通过 GPU-Z 了解更加全面的显卡信息;
- 掌握使用 Furmark 对显卡进行压力测试的方法。

一、使用 GPU-Z 获取处理器的完整信息

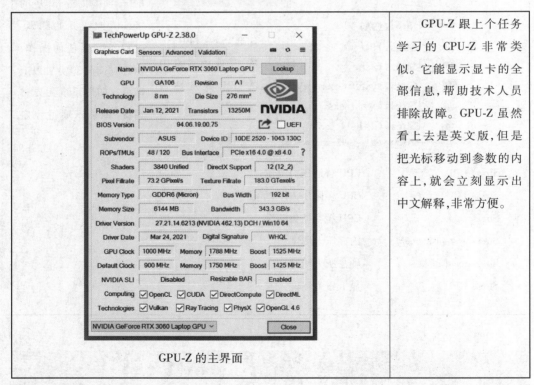

GPU-Z 的主界面

GPU-Z 跟上个任务学习的 CPU-Z 非常类似。它能显示显卡的全部信息,帮助技术人员排除故障。GPU-Z 虽然看上去是英文版,但是把光标移动到参数的内容上,就会立刻显示出中文解释,非常方便。

做一做
JISUANJI ZUZHUANG
YU WEIHU
ZUOYIZUO

查看 GPU-Z 的信息，填写计算机显卡的参数。

显卡型号		工艺	
渲染器数量		位宽	
显存类型		显存大小	
核心频率		显存频率	

二、使用 Furmark 对显卡进行压力测试

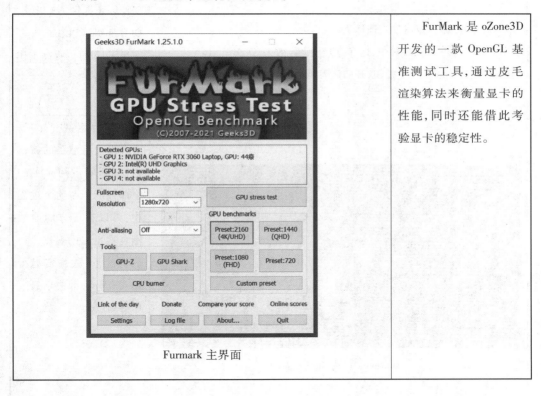

Furmark 主界面

FurMark 是 oZone3D 开发的一款 OpenGL 基准测试工具，通过皮毛渲染算法来衡量显卡的性能，同时还能借此考验显卡的稳定性。

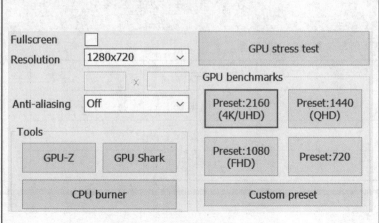

Furmark 操作区

操作步骤：

①在"Resolution"选项栏中，选择测试分辨率。

②在"Ant-aliasing"选项栏中，选择打开抗锯齿效果。

③单击"GPU stress test"按钮，开始压力测试。

FurMark 的操作也非常简单，通过简单的三步即可开始显卡"烤机"测试。

分辨率根据显卡的实际性能选择。性能较低的显卡建议选择较低的分辨率。抗锯齿效果选择的原则也一样，最高为 8 倍。

除此之外，在"Tools"工作区还提供了 GPU-Z、GPU Shark、CPU burner 三个小工具，可以提高工作效率。

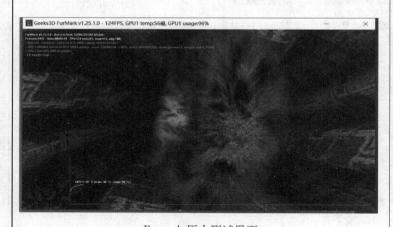

Furmark 压力测试界面

压力测试开始后，会弹出皮毛渲染的新窗口，能瞬间占用显卡的全部性能。在这个过程中，可以在下方的曲线图观察显卡的温度。一般情况下，能稳定运行 15～30 分钟即表示通过压力测试。

做一做
JISUANJI ZUZHUANG
YU WEIHU
ZUOYIZUO

使用 Furmark 对计算机的显卡进行压力测试，在过程中做好显卡的温度记录。

　　显卡的性能测试对硬件商家和硬件评测媒体来说，都是一件十分重要的事情。 对于专业人员来说，还应该掌握以下两种显卡性能测试的方法：

- 首先推荐的是专业的显卡测试程序：3D Mark。 现可以在游戏平台 Steam 上付费获取正版软件。
- 测评行业常通过大型游戏实时帧数来对比显卡的性能。 这就需要使用到 MSI afterburner。 这款软件能够把 CPU 和 GPU 的温度、负载、游戏帧数实时叠加在游戏画面上，达到评测的目的。

NO.4

[任务四]

测试其他硬件

　　除了前面讲解的处理器和显卡两个硬件的测试外，我们还需要掌握其他硬件的测试方法，如内存、硬盘等。这些硬件出现故障也是技术人员经常会遭遇的情况。

　　通过本任务的学习，要求你：

- 会使用 MemTest 测试内存的稳定性；
- 会使用 HD Tune 测试硬盘的读写速度、健康状况及硬盘错误。

一、内存稳定性测试

　　MemTest 是一款不错的内存检测工具，它可以通过长时间运行彻底检测内存的稳定性及内存的储存与检索数据的能力。

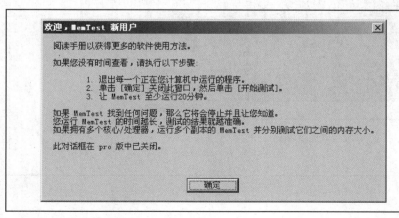

　　操作步骤如下：①双击 MemTest 的图标，弹出左图所示的欢迎对话框，单击"确定"按钮。

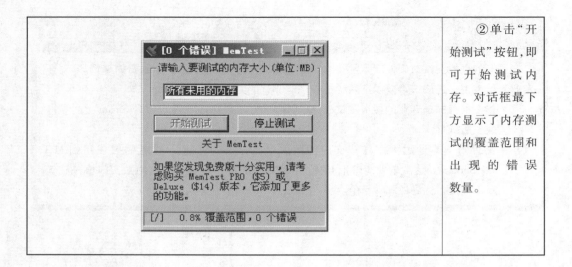

②单击"开始测试"按钮,即可开始测试内存。对话框最下方显示了内存测试的覆盖范围和出现的错误数量。

二、硬盘测试工具

HD Tune 是一款小巧易用的硬盘工具软件,其主要功能有硬盘传输速率检测、健康状态检测、错误扫描等。另外,还能检测出硬盘的固件版本、序列号、容量、缓存大小以及当前的 Ultra DMA 模式等。

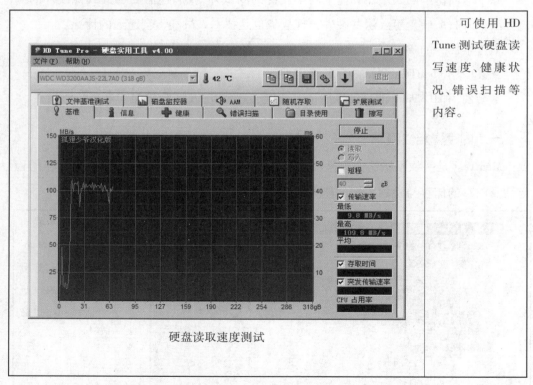

硬盘读取速度测试

可使用 HD Tune 测试硬盘读写速度、健康状况、错误扫描等内容。

硬盘健康状况测试

硬盘健康状况随系统实时更新，可直接观察。

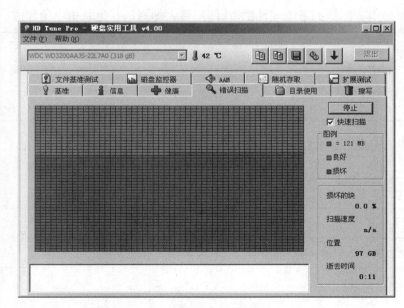

硬盘错误扫描

选择"错误扫描"选项卡，可对硬盘的错误进行扫描。

▶思考与练习

填空题

（1）我们可通过对_____的操作,快速了解计算机内部各种硬件的参数,掌握计算机的整体性能。

（2）如果只想了解 CPU 的参数,我们可选择_____软件来测试。

（3）我们常说的"烤机"就是对计算机进行压力测试,针对处理器和显卡分别会用到_____和_____两款软件。

（4）使用 HD Tune 扫面硬盘错误,用_____色方块表示磁盘正常,用_____色方块表示磁盘损坏。

（5）使用 MemTest 测试内存时,最少要稳定运行_____分钟。

▶上机实验

（1）在下表中整理出要测试的系统硬件项目,使用鲁大师测试并记录相应的数值。

测试计算机编号		
部 件	项 目	参数数值
CPU		
主板		

续表

部　件	项　目	参数数值
内存		
硬盘		
显卡		

（2）使用 CPU-Z 测试 CPU 参数，并与鲁大师得出的结果做比较。

（3）使用 AIDA64 对处理器做压力测试，每 3 分钟记录一次各个硬件的温度。

（4）使用 Furmark 对显卡做压力测试，每 3 分钟记录一次显卡的温度。

（5）运行 Memtest 20 分钟后，观察内存的稳定性。

（6）使用 HD Tune 测试硬盘并记录结果。

计算机售后服务

小王将配置好的计算机拿回家中使用，在使用过程中由于操作不熟练，导致计算机系统经常出现故障。小王经常与公司售后部联系，与售后服务员小李也成了朋友，获得了不少计算机系统的维护常识和常用维护技能。在完成本部分的学习后，你将成为一名出色的售后服务人员并打下良好的技术能力基础。

本部分内容包括：

● 计算机日常使用及维护

模块九 / 计算机日常使用及维护

作为一名计算机系统维护人员，应能对售出的计算机进行系统维护，解决使用过程中的计算机系统故障。

学习完本模块后，你将能够：

+ 学会计算机日常使用及维护；

+ 学会处理常见硬件系统故障；

+ 能进行软件系统的维护。

NO.1

［任务一］

规范使用计算机

计算机的日常
使用及维护

为了减少计算机因操作不当而造成的损坏以及病毒原因造成的计算机故障,提高计算机的工作效率和使用效益,首先,应该做到使用计算机时规范操作。

通过本任务的学习,要求你:

- 了解计算机使用的环境要求;
- 了解计算机操作规范事项;
- 能掌握系统及数据的日常备份方法。

一、计算机使用环境的基本要求

计算机使用环境是指计算机对其工作的物理环境方面的要求。

1.环境温度

计算机在室温 15~35 ℃能正常工作。为了使计算机元器件有良好的运行温度,最好将计算机放置在有空调的房间内。

2.环境湿度

放置计算机的房间内,其相对湿度要求在 20%~80%。过高,会由于结露而使计算机内的元器件受潮变质而损坏硬件;过低,会由于过分干燥而产生静电干扰而损坏硬件。

3.洁净要求

定期对房间除尘,保持房间内清洁。因为房间内的灰尘会附落散热器上,阻塞散热孔,影响计算机热量传出,缩短计算机的寿命甚至是烧坏设备。

4.电源要求

计算机对电源有两个基本要求:在机器工作时,一是电压要稳;二是不间断供电。电压不稳会造成磁盘驱动器运行不稳定而引起读写数据错误,还对显示器和打印机的工作有影响。为了获得稳定的电压,可以使用交流稳压电源;家庭中,空调设备的供电系统应与计算机供电系统独立。为防止突然断电对计算机硬件及数据损坏,可以装备UPS电源便于应急处理。

5.防止干扰

防止电磁干扰,避免计算机附近存在强电设备的开关动作。如避免使用电炉、电视或其他强电设备。

防止震动干扰,如避免音箱低音炮等强震源设备与主机摆放在同一台面。

做一做	JISUANJI ZUZHUANG YU WEIHU ZUOYIZUO		Ⅹ

使用相关检测设备,检查你所使用计算机的使用环境			
温度		结论	
湿度		结论	
电压		结论	
计算机使用环境是否正常? 如果不正常,怎样解决?			

二、规范使用计算机

①正确的连接各种设备,动作规范,力量适中。如果遇到无法插入时,需要仔细查看类型和方向是否正确,切忌使用暴力拔插。

②必须严格地按照顺序正常开关机,若是人为非正常关机,轻则长时间开机检测,重则整个系统瘫痪甚至硬盘损坏。正常开机顺序为:先开外设,然后开显示器,最后开主机。关机顺序相反,先用软件关闭主机,然后关闭显示器,最后关闭外设和电源。

③不要在键盘或机器上堆放杂物,不要在计算机前吃东西,喝水,防止异物特别是水、饮料等进入键盘或各种设备中。

④计算机启动后不得带电移动设备,严禁带电拔插电缆线插头(USB 和网线除外)。

⑤对移动存储介质必须先扫描病毒,然后再运行。

⑥每天升级杀毒软件病毒库。不要浏览陌生网站和非法网站,以避免计算机遭受恶意代码或病毒攻击。

⑦及时备份重要数据,防止数据丢失。

⑧定期清洁除尘，做好散热工作，长时间不用时，要关闭计算机或使计算机休眠。

三、防杀计算机病毒

计算机在使用移动存储设备时，访问不明网站，以及在不明网站上下载软件资源时，非常容易感染木马和病毒。

计算机病毒会造成计算机速度变慢，甚至于系统瘫痪，严重影响我们的工作。计算机木马会盗取我们的各种账号和密码，最常见的是各种银行账号和密码、各种游戏账号和密码、QQ 账号和密码等信息，严重时会给我们带来巨大经济损失。所以我们在使用计算机访问资源时，必须先用杀毒软件进行扫描和安装网络安全防火墙，确定安全后再打开使用。

做一做　JISUANJI ZUZHUANG YU WEIHU ZUOYIZUO

请对自己使用的计算机和 U 盘等移动存储设备进行杀毒扫描，确保系统安全。

如果发现病毒，请记录在下表中。

名　称	类型（木马或病毒）	计算机中位置	处理结果	备　注

四、备份数据

在业界一直有一种说法：机器有价，数据无价。不管是单位还是个人，将重要数据弄丢后造成的后果都是非常严重的，会造成无法挽回的损失。大到自然灾害，小到病毒，电源故障乃至操作员意外操作失误，都会影响系统的正常运行，甚至造成整个系统完全瘫痪。及时备份数据，当灾难发生后，可以通过备份的数据完整、快速、简捷、可靠地恢复原有系统。

备份可以分为 3 个层次：硬件级备份、软件级备份和人工级备份。

硬件级备份是用冗余的硬件来保证系统的连续运行。如磁盘镜像、磁盘阵列、双机容错。如果主硬件损坏，备用硬件可以马上接替其工作，这种方式能有效防止硬件故障。

软件级备份是将系统数据保存到其他介质上。出现错误时，可以将系统恢复到备份时的状态，采用这种方法备份可以完全防止逻辑损坏。

人工级备份最为原始，而又简单有效。但使用此方法将耗费大量的人力资源。

　　Windows 10 等操作系统都自带有系统备份和还原工具，提前用这个工具给计算机创建一个还原点，今后计算机操作系统出了问题，就可以直接恢复到备份时的状态。

操作系统名称	
备份时间	
操作步骤	

　　备份的操作方法：

　　备份操作系统的方法，单击"开始"→"程序"→"附件"→"系统工具"→"系统还原"菜单项就可以打开备份工具。

　　备份资料数据的方法，如照片、文档类的数据，可以使用网盘。现在流行的网盘有360 网盘，金山快盘，百度网盘等。具体操作：到相关网盘网站上申请一个账号，然后安装网盘的客户端，安装好后通过客户端登录使用，网盘的容量一般在1 TB以上。

［任务二］

NO.2

日常维护计算机

　　为了保证计算机能正常、稳定地工作，减少故障，延长使用的寿命，除了确保计算机有一个良好的工作环境外，还要重视做好计算机的维护工作。

　　通过本任务的学习，要求你：

　　● 能对计算机进行优化设置；

　　● 了解计算机维护的要求；

- 会使用维护计算机的常用工具；
- 掌握维护计算机的方法；
- 能熟练维护计算机的主要部件。

一、维护计算机软件系统

计算机在使用一段时间后会越来越慢，不管是开机还是运行程序都如此。很多人认为是计算机硬件配置低了，其实这种认识是片面的，绝大多数情况是计算机运行负担太重造成的，需要对计算机软件系统进行清理，删除不必要的软件和文件。

1.360 安全卫士

下面以 360 安全卫士工具为例，介绍对计算机系统及软件进行清理和优化的操作。

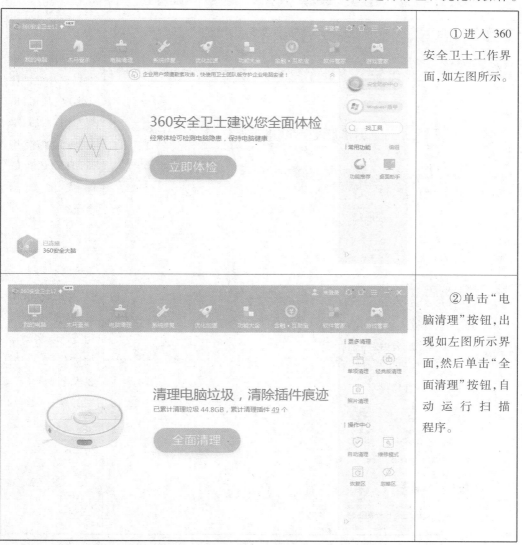

①进入 360 安全卫士工作界面，如左图所示。

②单击"电脑清理"按钮，出现如左图所示界面，然后单击"全面清理"按钮，自动运行扫描程序。

③扫描程序完成后，单击"一键清理"按钮，自动完成清理程序，如左图所示。

④完成系统软件清理后，单击界面中的"优化加速"按钮，出现左图，然后，单击"全面加速"按钮，自动运行软件优化扫描程序。

⑤扫描完成后，单击"立即优化"按钮，自动运行优化程序，完成优化设置。

2.磁盘碎片整理

通过对计算机进行磁盘碎片整理,优化系统文件。

①单击"开始"→"程序"→"附件"→"系统工具"→"磁盘碎片整理",打开磁盘碎片整理程序,如左图所示。

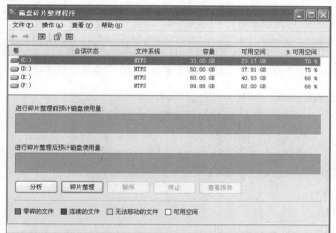

②在"磁盘碎片整理程序"窗口中选择 C 盘,单击"碎片整理"按钮,运行整理程序。

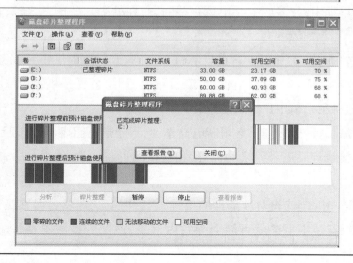

③完成整理界面如左图所示。

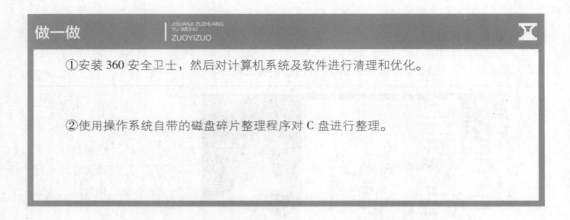

做一做 JISUANJI ZUZHUANG YU WEIHU ZUOYIZUO

①安装 360 安全卫士，然后对计算机系统及软件进行清理和优化。

②使用操作系统自带的磁盘碎片整理程序对 C 盘进行整理。

二、维护主机

主机维护的重点是除尘。

1.维护常用工具

在计算机硬件维护中使用的工具有：螺丝刀、镊子和尖嘴钳、橡皮擦、毛刷和抹布、万用表等，同时还需要准备小型吸尘器、镜头擦拭纸、电吹风、无水酒精、脱脂棉球、钟表起子、吹尘球（皮老虎）、回形针、缝纫机油及 CPU 散热用的硅脂（如下图所示）等。

2.维护计算机的注意事项

计算机在正常的使用过程中，或多或少会出现一些问题，在处理这些问题之前，应该注意以下几点：

①按国家计算机"三包"规定，"三包期"内的计算机，由商家或厂家提供售后服务。有些原装计算机和品牌计算机是不允许用户自己打开机箱的，如擅自打开机箱可能会失去一些由厂商提供的保修权利，请用户特别注意。

②对计算机硬件维护需要拆卸部件时，必须断电操作，绝不能带电插拔。拆卸下来的各类数据线、电源线、连接线等要记录原来的位置，相连接的设备种类，线缆原方向、极性等，以便正确还原。

③用螺丝钉固定各部件时，应首先对准部件的位置，然后再上紧螺丝。尤其是主板，安装位置如略有偏差或安装不平整就可能会导致内存条、适配卡接触不良，甚至造成短路。

④用户在维护计算机时，要释放人体所带静电，并按产品说明书操作规范操作。工作台桌面最好是防静电台面，以防止操作时损坏计算机。

相关知识　JISUANJI ZUZHUANG YU WEIHU　XIANGGUANZHISHI

主板上的大规模集成电路多数采用 COMS 半导体制作，其集成度高，耗电量小，但耐静电能力差，栅极容易被静电击穿。

通常人体带有数百伏特至数千伏特静电电压，已远远超出 COMS 电路的静电耐受强度。释放人体静电的操作是：戴上专用静电手环，接好其上的接地连线，再进行操作。如没有专用静电手环，可以不穿鞋袜，让人体赤脚触地，再用手触摸机箱，释放掉人体所带静电，这样就可以安全操作了。

塑料制品工具、橡皮、软毛刷，绸布容易积聚较高的静电，把它们置放在接地良好的金属盒内，可以减少静电的危害。如临时没有金属盒，可用包香烟的锡箔代替。

3.主机维护

（1）主板除尘

手握软毛刷柄，轻轻扫除主板表面的积尘即可。积尘严重的主板，有必要从机箱中卸下，彻底扫除。也可使用小型吸尘器，边刷边吸，达到清除灰尘的目的。

主板除尘时要注意，不要用手触及主板电路和电子元器件，以防人体静电损坏；不要粗暴用力，使电路和元器件造成不可恢复的变形。

主板 I/O 接口、S-TAT、IDE、FDD、USB 等接口与 PCI、PCI-E 扩展插槽、内存条等插槽内的积尘建议不用毛刷刷除，以防毛刷掉毛，可使用吹尘球或吸尘器来去除灰尘。如插槽内的引脚氧化，可用镊子夹起棉球粘上酒精在槽内来回擦拭。

（2）机箱除尘

对于机箱内表面上的大面积积尘，可用拧干的湿布擦拭。湿布应尽量干，擦拭完毕应该用电吹风吹干水渍。注意各种插头插座、扩充插槽、内存插槽及板卡不能用湿抹布擦拭。

（3）清洁 CPU 风扇

对使用时间不太长的，CPU 风扇一般不必取下，可用油漆刷或者油画笔扫除所附着的积尘就可以了。使用日久的 CPU 风扇积尘较多，一般需取下才能清扫风扇积尘，注意此时的重点是散热片缝间积尘。可轻轻敲击散热片边缘，抖落积尘。

清洁 CPU 风扇时注意不要弄脏了 CPU 和散热片的结合面间的导热硅胶。不要过分用力，以免压伤 CPU 芯片。

清洁使用日久的 CPU 风扇时，还可同时对其轴承进行清洗并加润滑油。

（4）清洁内存条和适配卡

内存条和各种扩展适配卡除尘方法与主板同,一般用小笔刷即可。

显卡采用风扇散热的可参照 CPU 风扇除尘方法除尘。

清洁金手指,可用橡皮擦来擦除金手指表面的污垢或氧化层,切不可用砂纸等东西来擦拭金手指,否则会损伤极薄的镀层。

（5）清洁主机电源

主机电源最容易积尘,同样会影响电源散热,危及电源安全。

清除主机电源积尘,要注意操作安全。首先断开交流电源插头,直流输出电源插头。从机箱取下电源组件。打开电源盒盖,耐心清除电源内的积尘。对于电源内的散热风扇,可用软毛刷从前后两方刷去扇叶上的积尘。

清尘时,小心不要损伤电路板上的元器件,以免造成短路故障。不要拆卸电路板,以免影响高低压绝缘安装。也不要丢失引出线的绝缘套组件,要把它安装到原位置上。

（6）连接线紧固

主机内有诸多连接电缆线,长期使用后,因积尘容易产生接触不良,甚至于松脱的故障,造成主机不能正常工作。因此在对主机维护时有必要对连接线进行检查,逐一对其进行除尘、清洁、重新插拔与紧固。

计算机主机除尘及板卡维护实验报告

部件名称		型　号	
维护目的			
使用工具			
维护方法			
维护步骤			
结　论			
备　注			

4.硬盘维护

硬盘是计算机的外部存储产品,要求存储的数据必须可靠。因此做好硬盘的维护工作是极其重要的,需要注意以下几点:

①硬盘的结构决定它的怕热、怕震动、怕强磁场的特点。因此计算机工作时,严禁震动机箱。

②硬盘应该远离强磁场工作环境,不要使用无防磁措施的普通音箱。

③经常读写使用的扇区最好不定期地改换一下位置,以便充分利用硬盘所有扇区的工作机会,延长使用寿命。可用 PQMAGIC、DISKMAN 等软件改换硬盘主分区,使之

在磁盘中的任意位置开始,这样就可以避免一些软件系统频繁读写同一些扇区操作,减小该位置扇区过早失效的几率。定期运行 Windows 的"磁盘整理程序"和"磁盘扫描程序"可有效地减少硬盘磁头读写周期。

④硬盘在运行时,最好不要关机。磁盘是否在运行,可以从主机面板的小红灯是否亮或闪动判断出来。观察机箱面板上的硬盘 LED 指示灯亮着,说明正在读写数据,此时如果突然断电最容易损伤盘面。所以应在 LED 指示灯熄灭后再关机。如果程序死循环,硬盘灯会一直亮着,可以用热启动键"Ctrl + Alt+ Del"或主机面板上的复位按钮"Reset"重新启动计算机,待计算机正常且硬盘指示灯熄灭后再关机。

⑤硬盘上的数据要常做备份,并进行病毒检查。

⑥当发现硬盘有故障时,不能自行拆卸打开硬盘。因为在达不到超净 100 级以上的条件下拆开硬盘,空气中的灰尘就会进入盘内,当磁头进行读/写操作时,还将划伤盘片或损伤磁头,从而导致盘片或磁头损坏。另外,盘内的某些结构一旦拆开就无法还原,从而使硬盘驱动器全部报废。

⑦由于硬盘磁头和盘片采用接触式启停,只有转速达到额定值时,磁头才能浮起在盘片表面上,振动和挤压容易造成磁头经常在数据区启停,会缩短磁头和盘片的使用寿命。当硬盘驱动器执行读写操作时,不要移动或碰撞工作台,否则磁头容易损坏盘片,造成盘片上信息的读写错误。

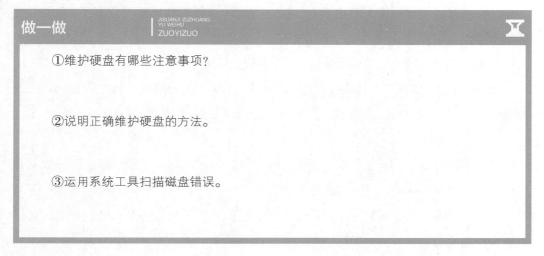

做一做　JISUANJI ZUZHUANG YU WEIHU ZUOYIZUO

①维护硬盘有哪些注意事项?

②说明正确维护硬盘的方法。

③运用系统工具扫描磁盘错误。

三、维护常用外设

1.显示器维护

显示器外部清洁:显示器轻微脏污的外壳,可以用略湿的棉布擦拭,脏污严重的外壳,可用干棉布沾上计算机专用的清洁膏擦拭,效果很好。机壳散热缝隙的积尘,可用毛刷细心刷除。

工作时显示屏带有较高的静电,容易黏附灰尘印迹等,影响屏幕的透光度。可用洁净柔软的绸布从屏幕中心向外逐圈擦拭。顽固的指纹印、油迹可用显示屏清洁剂清洁。LCD 液晶显示屏擦拭动作要轻,不能用力,以防压碎表面玻璃。

友情提示 JISUANJI ZUZHUANG YU WEIHU　YOUQINGTISHI

汽油、香蕉水、洗衣粉及某些工业与家用清洁剂等含有腐蚀性的化学成分,千万不能使用。擦拭显示屏不能用粗糙的布、纸之类的物品,以免损坏显示屏的防反射、防眩光涂层。

显示器不应当长时间显示同一幅画面,否则容易造成屏的老化。

显示器最好不要安放在容易受强光照射的环境,降低发光效率,时间长了容易加速显示器元件的老化。

2.键盘鼠标的维护

(1)键盘的维护

①键盘在敲击时不要过分用力击打,否则容易使键盘的弹性降低,出现键盘按键不能复位的故障。

②键盘要防止异物掉入键盘里去;应防止茶水、饮料等液体洒到键盘上,否则可能使键盘报废。

③关机后应用键盘保护膜罩住键盘,减少灰尘积聚。

④键盘积尘过多时,应将从键盘主机上取下,用吸尘器吸尘或用软毛刷扫除键盘表面缝隙的灰尘。积尘较少的键盘可把键盘反过来摇几下,清除灰尘。

(2)鼠标的维护

鼠标在 Windows 操作系统中,是一种重要的输入操作设备,要使鼠标随时随地正常工作,操纵灵活自如,应注意日常的维护工作。

①使用机电式鼠标要注意桌面的光滑、平整与清洁,最好使用鼠标垫。光电式鼠标更要保持垫面的清洁。

②不能摔打鼠标,鼠标的光电器件摔打后非常容易损坏。

3.U 盘的日常维护

U 盘轻便小巧,容量大,便于随身携带,已逐步取代软盘驱动器。一般来说不需要维护,但也有 U 盘的 USB 插口引脚被弄脏的情况。清洁除垢往往在引脚的接口框内,可借助用硬纸片,泡沫棉签之类物品擦拭干净污垢。

（1）一是防止在 U 盘工作时插拔；二是防跌落和进水。

（2）U 盘在不同的操作系统里格式化的容量是不同的。一般有 NTFS 和 exFAT 两种格式。

NO.3

[任务三]

微课

处理计算机常见故障

计算机常见故障处理

通过本任务的学习,要求你:

- 了解计算机故障产生的原因;
- 了解计算机故障检修的一般流程;
- 知道查找计算机故障的基本原则和方法;
- 会排除计算机主要部件的常见故障。

一、计算机故障产生原因及检修的一般流程

计算机系统特别是硬件系统结构复杂,部件众多,它们在使用中会因为各种原因产生很多种类型的故障,作为一般的计算机应用人员能否处理好计算机常见故障呢? 答案是肯定的,只要我们具有一定的计算机硬软件基础,了解计算机常见故障产生的原因以及处理方法,经过一定的实践训练,是一定能够处理好计算机常见典型故障的。

计算机常见故障可分为硬件系统故障和软件系统故障,本任务重点学习硬件系统常见典型故障的处理方法。

1.计算机硬件和软件产生的故障原因

设计、制造、工艺等缺陷引起的元器件早期失效;磁盘介质物理损坏,造成硬软盘失效;元器件焊接不良,虚焊、开焊;热胀冷缩造成电路板上的印刷电路焊盘开裂;插接件因此松动,造成接触不良等,这些都是导致故障的原因,其特点一般表现明显,振动、气候变化就会表现出来。计算机硬件和软件产生故障原因的分类如下:

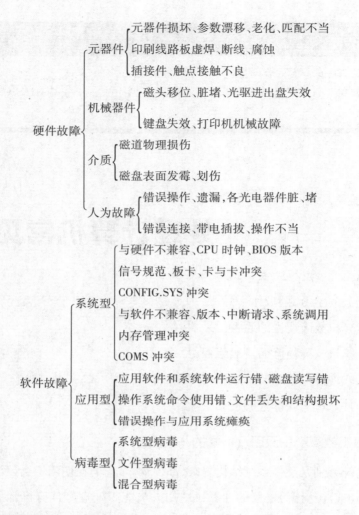

元器件
- 元器件损坏、参数漂移、老化、匹配不当
- 印刷线路板虚焊、断线、腐蚀
- 插接件、触点接触不良

机械器件
- 磁头移位、脏堵、光驱进出盘失效
- 键盘失效、打印机机械故障

硬件故障

介质
- 磁道物理损伤
- 磁盘表面发霉、划伤

人为故障
- 错误操作、遗漏,各光电器件脏、堵
- 错误连接、带电插拔、操作不当

系统型
- 与硬件不兼容、CPU 时钟、BIOS 版本
- 信号规范、板卡、卡与卡冲突
- CONFIG.SYS 冲突
- 与软件不兼容、版本、中断请求、系统调用
- 内存管理冲突
- COMS 冲突

软件故障

应用型
- 应用软件和系统软件运行错、磁盘读写错
- 操作系统命令使用错、文件丢失和结构损坏
- 错误操作与应用系统瘫痪

病毒型
- 系统型病毒
- 文件型病毒
- 混合型病毒

2.计算机硬件检修的一般流程

检修计算机硬件故障时,要求检修者除熟悉其基本原理结构外,要拟定好合理的检修步骤,遵循一定的流程,掌握一定的方法技巧,切忌盲目动手,乱敲乱打,以免扩大故障。计算机硬件检修的一般流程如下:

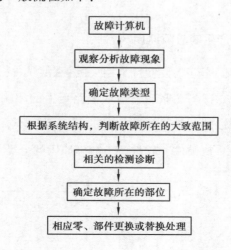

故障计算机
↓
观察分析故障现象
↓
确定故障类型
↓
根据系统结构,判断故障所在的大致范围
↓
相关的检测诊断
↓
确定故障所在的部位
↓
相应零、部件更换或替换处理

二、计算机故障查找的基本原则及注意事项

1.检修计算机的原则

①先软件后硬件。当计算机出现不正常现象时,可能的原因与硬件与软件或两者都有关,应先从软件方面查找原因,排除软件故障以后再查找硬件故障方面的原因。

②硬件方面先外围后主机,先简后繁。先从最常见、最简单的部位查找,检查与主板外部相连的电源、显示器、适配器、内存条等是否有问题,然后逐渐缩小范围,快速确定并排除故障。

主机电源因为承担电源变换和大负荷供电,产生故障的几率较高,只有电源的故障排除后,才能进一步去分析机器其他部分的问题。如常见的电源就绪(POWER GOOD)信号(以下简称"PG"信号)不正常,会导致系统不能自检启动,以至于维修人员常常误判主板损坏。

2.检测计算机的注意事项

①熟悉计算机基本原理与结构。这是检修计算机故障必须具备的基础知识,具有指导性,能克服工作过程盲目性。

②遵守操作规程,养成良好的操作习惯。操作规程和操作习惯是人们从大量实践经验与教训中总结出来的,能使人们正确进行工作,避免扩大故障,造成设备甚至工作人员的伤害损失。比如检修前应阅读、分析、研究相关资料;检修时应细心观察故障现象,判断故障位置;拆装零部件要关断电源,绝不带电操作。注意总结故障检修规律,作好检修记录,整理检测到的有关数据资料等。

③备好工具、仪器、替换零部件与相关系统工具软件。有了齐备的工具、仪器,检修工作得心应手,不会因为工具缺失,而影响工作的进行。有充足的替换零部件,采用替换法,发现故障会比较容易,如果有同类型的计算机或部件,更方便采用比较法进行部件上关键检测点的数据采集与比较判断。

④不明原因故障机处理。有以下现象者:打火、冒烟、有焦煳味,保险丝熔断,驱动器或风扇发出严重的异常响声,电源、CPU 风扇停转,打印机打印头有撞击声,主机电源指示灯明显变亮,显示器图像明显缩小并严重扭曲等,不宜立即加电观察处理。正在加电观察处理的要立即关断电源,以免引起故障进一步扩大。

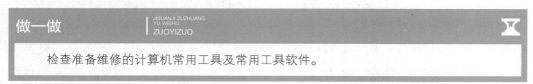

做一做　JISUANJI ZUZHUANG YU WEIHU ZUOYIZUO

检查准备维修的计算机常用工具及常用工具软件。

三、计算机常用的故障分析及查找方法

1.直接观察法

直接观察法是通过看、摸、闻、听等方式检查机器计算机的方法。

● 看：查看计算机的外部和内部部件的情况，重点应查看元器件及接线是否虚焊、脱落和烧焦，接插件的连接是否牢靠，保险丝是否熔断等。

● 摸：通常是接通电源一段时间使元器件产生温升后，再切断电源，用手接触有关元器件和部位，通过所感觉到的温度变化来判断故障的部位。一般来说，机内大部分元器件在接通电源一段时间之后，外壳正常温度在 40~50 ℃，用手摸上去只有点热。如果手摸上去发烫，则该元器件可能有内部短路现象。采用这种方法一定要注意安全。

● 闻：接通电源后，如果闻到较浓的焦煳味，则说明一定有元器件被烧毁。此时，在未找出故障之前，一般不要接通电源。

● 听：接通电源后，用耳朵听喇叭及其他部位有无异常声音，以帮助判断故障的部位。特别是驱动器，更应仔细听，如果与正常声音不同，则可能出现故障。

2.拔插法

最适合诊断"死机"及无任何显示的故障。当出现这类故障时，从理论上分析原因是很困难，"拔插法"的基本做法是一块块地拔出插件板，每拔出一块插件板后，故障消失且机器恢复正常，说明故障就在这板上。"拔插法"不仅适用于插件板，而且也适用于通过管座装插的集成电路芯片等元器件。

3.替换法

替换法是用好的插件板或组建替换有故障一点的插件或组件，观察故障变化情况，以确定故障部位的方法。这是一种诊断故障时常用而且非常有效的方法。任何两个可拔插的相同种类和相同位置上部件都可以进行替换。

4.比较法

比较法要求有两台相同的计算机，并保证有一台机器是正常运行的。当怀疑某些部件或模块有问题时，应用测试仪器（如万用表、逻辑笔、示波器等）分别测试两台机器中两个相同部件或模块的相同测试点，然后比较所测试的这两组信号。若有不同，则顺藤摸瓜，追根求源，分析确定故障的位置。这种方法在维修中也是一种简易、有效的方法。

5.测量法

测量法是分析与判断鼓掌常用的方法。当计算机处于关闭状态或组件与母板分离时,用万用表等测量工具对元器件进行检查测量,称为无源测量。若设法把机器再停在某一状态,根据逻辑图用测量工具测量所需检测的电阻、电瓶、波形,从而判断出故障部位的实时方法,称为在线测量。所测量的特征参量,可与各对应点的参考值或标准值比较,如果差值超过容差,则由此可分析确定故障位置。

6.敲打法

如果计算机运行时出现时好时坏的现象,可能是由于虚焊、接触不良或金属面氧化使接触电阻增大等原因造成的。对于这种情况,可以用敲打法来进行检查,通过敲击插件板,使故障点接触不上,再进行检查就容易发现问题。

7.综合判断法

计算机系统有时出现的故障现象是比较复杂的,采取某一种方法往往不能检查到故障的原因,这时可采用“综合判断法”,即综合运用多种多样的方法来检测和查找故障。实际上,任何一个维修人员在检测计算机时,也不只用一种方法,而是各种方法并用,交替进行。对于初学者,当遇到复杂问题时,不要急于求成,要头脑冷静,采用各种可能的方法加实验,逐步缩小范围,达到最终发现故障、排除故障、修复计算机的目的。

做一做 JISUANJI ZUZHUANG YU WEIHU ZUOYIZUO

分组讨论完成以下内容:

计算机常见的故障查找方法

查找方法	具体方法	对　象	结　论

四、计算机主要部件维护及常见故障处理

1.CPU 散热不良引起的故障及处理方法

CPU 散热不良引起的故障现象有：

①工作一段时间死机，休息一会又可以工作一段时间。

②随气温升高，频繁出现死机。

③运行大型程序时死机。

④"死机"后，系统不能再重启。

⑤"死机"并黑屏，机内 CPU 部位有异常响声或异味。

①、②、③项所列的几种故障现象出现后，一般只要加强 CPU 的散热措施是可以恢复正常的，多数不会对 CPU 性能造成永久的伤害。

处理时重点检查 CPU 周边是否空旷，气流是否通畅，如不符合要求，要整理周围，使之达到要求。CPU 风扇转速是否正常，如滞转，应立即更换风扇。散热板扣具是否松脱，如是，重新安装扣具。同时检查散热板与 CPU 表面的硅脂是否干涸失效，如是，重新涂布硅脂。散热装置积尘是否过多，并做相应的除尘工作。

第④项故障现象表明散热问题已影响到 CPU 与 ZIF 插座接触不良了，处理时先要细心扫除它们上面积附的灰尘，然后用吸尘器或其他工具吸去插座孔内的积尘。

第⑤项故障现象表明 CPU 多半已被烧毁，这种情况是用户必须避免的。用户应该养成定期检查散热装置中风扇是否运转正常，散热板是否积尘过多。如发现风扇滞转、停转、散热内积尘过多，应立即进行相关的更换风扇或除尘处理。

> **相关知识** JISUANJI ZUZHUANG YU WEIHU XIANGGUANZHISHI
>
> CPU 常见故障及处理
>
> 【故障现象1】 每次开机工作一段时间后系统死机，需休息后才能重启，并又可以工作一段时间。
>
> 【分析处理】 从故障现象可以看出这与 CPU 散热不良关系极大，应打开机箱重点检查 CPU 散热风扇是否运转正常。经检查发现 CPU 散热风扇因润滑不良转速下降，从而造成 CPU 散热不良温度过高，系统保护死机。为保证维修可靠性，更换优质品牌风扇处理。
>
> 【故障现象2】 超频后系统自检完就死机。
>
> 【分析处理】 现在的主板都属于 BIOS 超频的方式，在 CPU 参数设定中就可以进行 CPU 的倍频、外频的设定。CPU 超频后电脑无法正常启动的状况，清除 BIOS 设置，重新开机，电脑会自动恢复为 CPU 默认的工作状态。将计算机重新开机，计算机恢复正常。

做一做

JISUANJI ZUZHUANG
YU WEIHU
ZUOYIZUO

CPU 常见故障及处理方法

引起故障的元件	故障现象	故障处理方法	结　论
CPU 散热不良			
工作条件设置			

2.内存条常见问题及处理

（1）内存条插接不良

主板上内存条采用内存插槽插接的方法插装,虽然具有选装灵活方便的优点,但也带来了金手指容易受工作环境的影响而导致脏污、锈蚀的弊端,其结果是内存条容易接触不良,使系统不能启动或工作中突然死机。

处理方法是清洁内存条金手指和内存插槽。

（2）内存质量差、老化

在计算机运行程序的整个过程中,均须内存参与程序、数据的存储,因此是不能允许存储器任何单元在任何时候出错的,而内存质量差或老化在运行时是很容易出错的。这样会引起系统诸如“非法操作”“异常中断”“系统内部出错,请重新安装系统”或进入Windows 就立即自动退出操作系统,并要求用户关机等故障。另外用户在安装操作系统时,如果出现怪字符显示的错误提示,往往也是内存质量差引起的。

处理方法是更换优质内存条。

（3）内存散热不良

内存工作时虽然发热量不大,但由于其集成度高,对温度较为敏感,如再遇到个别内存芯片质量差就很容易发生开机自检内存错,运行死机等故障。

处理方法是对内存条有发热的芯片采用加贴金属散热板,清理内存周围的障碍物等,以利于内存条的散热。

（4）内存兼容性差

有部分内存条产品兼容性较差,特别是不同厂家的产品混用,更容易出现经常死机、随机出错等故障。

处理方法是选用主板厂家测试认证的内存产品。

相关知识　JISUANJI ZUZHUANG YU WEIHU XIANGGUANZHISHI

内存条常见故障及处理

【故障现象 1】 故障机采用二条 2 GB 的内存条，自检内存容量变为 2 GB。

【分析处理】 机器自检容量变少，其中一块内存无法识别，多为内存条插接不良。处理时重点检查内存条插接情况，发现其中一条金手指脏污，用橡皮擦擦拭干净，插入内存插槽重检，内存容量恢复为 4 GB。

【故障现象 2】 开机自检能通过，屏幕有白色点状花纹，操作系统安装过程死机，用 Ghost 安装系统也出现读写错误。

【分析处理】 由于故障机无独立显卡，主板集成显卡是在内存中划分部分内存作为显存，损坏后内存部分存储单元作为显存就造成显示图像花屏。同时因为有部分损坏的存储单元无法读写数据，所以在安装操作系统过程总出现死机和无法读写等错误，更换内存后故障排除。

【故障现象 3】 开机出现屏幕无反应，主机长鸣报警声。

【分析处理】 此故障是典型的内存故障现象，自检无法通过，更换内存后恢复正常。

做一做　JISUANJI ZUZHUANG YU WEIHU ZUOYIZUO

内存条维护及常见的故障处理

引起故障的元件	故障现象	故障处理方法	结　论
内存条插接不良			
内存选取不当或工作条件设置不当			
内存质量差、老化			
检时报内存容量减少			
内存散热不良			
内存兼容性差			

3.硬盘常见问题及处理

（1）硬盘电机停转

硬盘电机长期高速转动，可能因机械磨损、控制电路、质量缺陷等原因造成硬盘电机停转的故障。表现为系统检测不到硬盘，听不到电机转动声。对电机停转的硬盘，若电源插头和电压没有问题，可先直观检查一下电路板是否有脱焊、虚焊、断裂的情况，如无,一般为电机驱动电路损坏。

（2）硬盘电路故障

硬盘电路故障多数因为电源电压不稳而烧毁,直观检查即可发现烧坏的元器件。对于集团用户手里如有同型号的电机、磁头机构、磁盘介质损坏的硬盘,可以把它的好电路板拆换下来安装在电路烧毁的硬盘上即可。如有动手能力的用户,可寻找零配件更换修复烧毁的电路板。

（3）磁盘介质逻辑或物理损坏

磁盘介质因制造缺陷、使用、维护、处理不当等原因,容易产生逻辑坏道,甚至于物理坏道,这时硬盘在工作时轻则经常产生随机错误、蓝屏、死机,重则不能工作。处理这类故障时,用磁盘扫描程序或工具软件等对磁盘介质进行扫描,以确定磁盘介质的坏道究竟是属于逻辑坏道或是物理坏道或两者兼有之。对于只是逻辑坏道的硬盘,则宜先进行硬盘分区,再进行高级格式化,如果在高级格式化过程中再遇到某些簇不能通过的情况,才可试用低级格式化处理的方法。如果是物理损坏,必要时还可以采用分区屏蔽坏道的方法来处理这种故障。对于 0 磁道物理损坏的硬盘,一般无法修复,如果还在质保期内,直接返厂即可。

（4）硬盘其他软故障

在硬盘使用中因操作、病毒、设置、介质等各方面的原因,硬盘还容易产生引导扇区出错、分区表丢失、无法自举、激活分区丢失、设置参数错误等故障,这类故障为软故障,无元器件损坏,用 pqmagic 之类的软件工具就可以恢复。

（5）硬盘的维护

Windows 系统附件中的"系统工具"提供了硬盘和系统维护的工具。如:磁盘扫描、磁盘碎片整理等,可对硬盘进行相应的修整。也有一些硬盘工具维护软件,比如 Windows 优化大师、360 安全卫士等软件均可对硬盘优化处理,以提高硬盘的使用效率。

相关知识 JISUANJI ZUZHUANG YU WEIHU XIANGGUANZHISHI

硬盘常见问题的处理

【故障现象 1】 系统自检时,硬盘指示灯不亮,系统不能自举,报 Error loading OS 错。

【分析处理】 从故障现象即可确定故障是因为硬盘损坏引起的,再仔细倾听硬盘无电机转动声。将硬盘电缆线取下,单独通电仍不能正常;检查硬盘电路板无电源过压、过流烧毁痕迹,于是将硬盘电路板拆下检查,并用无水酒精清洗其与电机、磁头的接插头,重新装配通电,电机恢复正常转动,系统顺利检测到硬盘。注意并不是每个硬盘电机停转都可用上面的方法来解决问题,也可能是电机驱动电路损坏所致。若是,则可采用敲击、更换电路板或送厂维修的方法处理。

【故障现象2】 系统自检能识别硬盘，但有磁头反复寻道的响声，硬盘指示灯长亮，系统不能引导。

【分析处理】 磁头反复寻道，"呵、呵"声不停的故障现象，表明磁头0道区域可能有坏道或其他问题，磁头已经无法定位，确定硬盘已损坏。

【故障现象3】 硬盘坏道。

【分析处理】 本例故障表现为在启动Windows时，运行中频繁死机，报错中断；重新安装操作系统后正常运行不了几次，进入Windows启动画面即死机，扫描磁盘发现很多文件错误，操作系统崩溃。检测表明这个硬盘坏道主要集中在0道以后几个区间及中部磁道，正是Windows操作系统占据的磁盘空间区域。如果按前述的方法经磁盘扫描、高级格式化、分区等方法处理都无法修复硬盘坏道，可进一步采用该硬盘厂家DM工具软件修复硬盘，或对硬盘进行低级格式化。

对现在的大容量硬盘来说，由于磁盘采用高密度磁记录，电机转速高，结构精密，如操作、使用稍有不慎，很容易产生介质逻辑坏道和物理坏道，这是硬盘常见故障之一，硬盘坏道故障对硬盘的稳定工作、对数据安全影响极大。为了数据安全，建议直接更换硬盘。

做一做 JISUANJI ZUZHUANG YU WEIHU ZUOYIZUO

硬盘维护及常见的故障处理

引起故障的元件	故障现象	故障处理方法	结 论
硬盘电机停转，硬盘指示灯不亮			
系统不能识别硬盘，硬盘指示灯长亮			
硬盘电路故障			
磁盘介质逻辑或物理损坏			
其他			

4.显卡常见问题及处理

（1）显示卡插接不良

分析原因：显示卡插接不良是引起系统不能启动，黑屏故障产生的主要原因之一。因使用日久导致插接松动或引脚脏污、锈蚀等，从而造成显示卡接触不良。

处理方法：检修时可直观检查故障是由什么原因造成的，再有针对地处理即可。对于反复插拔仍不能改善接触，且又无多余插槽可选时，可以试用在电子器材商店有售的"清洁润滑剂"，只需将它少量喷涂一点在显卡"金手指"与扩展插槽内，并用手指抹匀即可。由于该类清洁润滑剂具有很强的清洁与改善接触点电气接触性能的作用，能有效解决旧显卡、扩展插槽引起的接触不良的故障。

（2）显示卡芯片散热不良

现在的 3D 显示芯片集成度高、运行速度快、功耗大，为保证稳定可靠地工作，多加有散热板、风扇等强制散热措施。但从扩展槽的设计位置上看，显示卡所处的插槽空间间距相对较窄，热空气流向又不利于散热工作，如果风扇、散热板质量又差，就很容易造成显示芯片工作不稳定，甚至于受损。所以安装显示卡时，应将周围插槽尽可能空闲出来，采用宽大一些的机箱，以至于更换优质散热器材，加强维护等，从根本上利于显示卡的散热。

（3）驱动程序

分析原因：在维修实践中，将会碰到不少的因显卡驱动程序问题引起的故障，有的是显卡驱动程序与操作系统不兼容、不支持，有的是程序安装不当，有的是升级不当，有的则是显卡与其他硬件设备资源设置有冲突等。

处理方法：如属驱动程序与操作系统不兼容、不支持的，要么升级驱动程序，要么换用操作系统。如属安装、升级不当的，可重新安装或升级驱动程序。如是设备资源冲突的，采用人工设置分配的办法解决处理，必要时更换扩展卡插槽。

相关知识 JISUANJI ZUZHUANG YU WEIHU XIANGGUANZHISHI

显示卡常见问题处理实例

【故障现象 1】　显示器花屏，特别是玩游戏时情况严重。

【分析处理】　维修经验表明，花屏多与显卡质量差有关，所以在处理本故障时，先是将显卡与其他计算机对换，并将在其他计算机上工作无问题的显卡换到本机工作，均无问题，从而确定显卡是正常的。为进一步确定显卡与主板的兼容性是否有问题，又将原显卡驱动程序删除，并在重启计算机后先进入 VGA 显示模式，再用更改驱动的方式重新安装显卡原驱动程序，一般情况下这样就能很好地解决显卡与主板的兼容性问题。但结果是仍不能消除花屏现象，于是怀疑显卡的驱动程序有 BUG，试在网上下载最新显卡驱动程序进行安装，故障排除。

显卡驱动程序不完善，存在的 BUG 引起的显示方面的故障很多，除了花屏外，还有死机、性能下降、运行速度达不到要求、不支持某些游戏等，处理这类故障时最好先考虑把显卡驱动程序更新一下实验，往往事半功倍。

【故障现象 2】　工作一段时间后 Word 字符随鼠标拖动显示花屏不连续的细彩色条，拖动鼠标的指针变为水平排列长 2~3 cm 的 3 条粗黑条。

【分析处理】　造成这种故障的原因多与显卡上的元器件热稳定性差有关。当故障出现时，先用手指背面触摸各显存芯片的发热情况，若出现个别芯片过热的情况，可采用降温法将棉球沾无水酒精贴于发热的显存芯片上，观察故障现象是否消除。如恢复正常，则可以确定该芯片是热稳定性差的故障。处理故障时要先除尘，并加强显卡的通风散热，如还不能恢复正常，则应考虑更换有故障的显存芯片。

显卡维护及常见故障处理

引起故障的元件	故障现象	故障处理方法	结　论
插接不良			
调节不当			
显存芯片质量差			
超频			
驱动程序			

5.显示器常见的故障处理

（1）插接不良

分析故障现象及原因：显示器与显示卡信号电缆线插接不良比较常见，它会引起系统启动报警，黑屏；或屏幕显示缺色、偏色或不同步等。处理这类故障时，检查信号线插头是否有氧化锈蚀，断裂，或者用户操作不当造成插针损坏等情况。如无此情况，则可重新插接插头，并锁紧两颗固定螺丝；如确认是信号线问题，可以直接更换信号线。

（2）设置不当

现在使用的 LCD 显示器的分辨率与屏幕尺寸相关，比如 17 in 的一般为 1 366 * 768，19 in 的 1 440 * 900，21.5 in 的为 1 920 * 1 080，22 in 的为 1 680 * 1 080，如果没有设置为这些标准分辨率，则可能使显示器出现细条状闪烁抖动、水平方向有数个重叠图像、图像比例不对等问题。

处理时需进入 Windows 安全模式，从新安装显卡驱动程序，再进入 Windows 中重新设置显示属性至正常工作值。

（3）电源指示灯不亮或不正常

显示器电源指示灯不亮，在排除电源线问题后就表明显示器电路有故障，需送专业人员维修。如果电源指示灯发光暗淡、闪烁，则表明显示器相关的负载电路有短路故障存在，也需送专业人员维修。如果电源指示灯亮度正常，但闪烁或黄灯常亮，可首先排除显示器信号电缆线与显卡有无连接问题，若没有，则可判断显示器信号通道有故障，最好送专业人员维修。

做一做 JISUANJI ZUZHUANG YU WEIHU ZUOYIZUO

显示器维护及常见的故障处理

引起故障的元件	故障现象	故障处理方法	结　论
插接不良			
散热不良			
电源指示灯不亮或不正常			
超频			

6.主板常见故障处理

（1）主板电源插座

主机电源是通过与主板电源插座的插接实现电气连接的,从而给主板、CPU、内存、各扩展卡以及一些 USB、IEEE 1394 等接口设备供电,负载较重,目前要求电源供电功率高达 300 W 以上,电流达几十安,因此对主板电源插座质量要求极高。如果因为插座质量、工作环境或人为操作等原因,容易引发如下一些主板电源插座的故障。

● 电源插座接触不良:电源插座接触不良通常出现在使用数月或数年的计算机上,主要表现在主机经常发生随机性的死机,开机时尤甚,机箱上电源指示灯显示暗淡闪烁不定。这时可将电源插座上的氧化污垢点用无水酒精擦洗清除,再反复插拔数次电源插头,直至其接触良好。

● 电源插座脱焊:电源插座由于焊接质量不良、电源插头插拔操作不当容易引起焊点松动脱焊,电源不能接通的故障。另外也有因电源插座内的接线桩头接触电阻过大而导致发热,长期的热胀冷缩使相关焊点开裂脱焊。判断电源插座脱焊的故障可敲击机箱或摇晃电源插头,如出现主机电源时通时断的情况即可确定,然后再用直观检查的方法查找脱焊点,重新焊接好即可。

● 电源插座插接不当:对于 ATX 结构的主板故障多发生在 CPU 专用的电源插座上。这类故障只需将电源插座重新插接处理即可。

（2）插槽、接口接触不良或损坏

扩展插槽,硬盘接口、USB 等接口接触不良或损坏引发的故障。检测相关外部设备报错,检测不到相关外部设备;硬盘指示灯常亮不灭,系统等待。

处理这类故障时,先应确定相关外部设备无故障,再根据表现不正常的插槽或接口,首先排除接触不良方面的故障,再确定它们是否损坏。损坏的插槽或接口,如属插针断裂、变形、相碰接断路,可做整形修复或更换,也可换一个空闲同类插槽或接口使用;如属接口电路损坏的,则考虑送专业维修。

(3)电压转换器故障

从主板故障率统计资料来看,电压转换器产生故障的几率较高。电压转换器损坏将使 CPU 等部件无电源供应,主机不能启动工作。检查时可先用手触摸电路中的 MOS 功率管和整流管是否有温升,同时可测量电路的输出电压是否正常。如确定元件损坏,有焊接技术的用户可用同类型的配件更换。

(4)CMOS 故障

CMOS 因设置不当、电池或跳线问题、CMOS 病毒侵袭等原因,也会引起系统不能正常启动、不能识别设备、系统时钟失准等故障。CMOS 设置不当主要是硬软驱参数设置错误、系统引导顺序设置不当、某些专项设置选项错误等,表现出来就是驱动器不能正常引导系统或不能正常工作,系统不能进入操作系统,系统工作不稳定等。CMOS 电池电量不足一般出现在用了几年以上的计算机上,更换电池即可。对于 CMOS 病毒侵袭要彻底处理干净,应对 CMOS 发电,重新导入 BIOS 程序。

(5)主板电路与元器件故障

主板电路与元器件容易发生故障,或电路断路、或元器件击穿、漏电、性能下降等。当然它们引起的故障现象因损坏的部位与元器件及损坏程度的不同,表现千差万别,需要芯片级维修,检修难度较大。

相关知识 | JISUANJI ZUZHUANG YU WEIHU XIANGGUANZHISHI

主板常见问题及处理

【故障现象 1】 故障机因为原有 PCI 插槽接触不良,将扩展卡更换新 PCI 插槽后,开机系统不能启动,再更换其他 PCI 插槽仍不能恢复正常。

【分析处理】 此机故障是在更换 PCI 插槽后发生的,在询问操作人员肯定没有带电操作后,重点是检查该 PCI 插槽有没有人为损坏的情况。经检查用户操作不慎,使该插槽 B 排插槽中的一根插针弄变形,造成与相邻插针短路所致。用工具小心校正变形插针,系统恢复正常。

【故障现象 2】 故障机自检表明内存故障,经检查内存是好的。

【分析处理】 故障机使用时间已经有几年了,内存插槽上灰尘已经很多,清扫后也无法识别内存,怀疑是内存插槽的触点氧化。在内存条金手指涂上无水酒精,然后反复拔插几次,再吹干插槽,插上内存,开机启动正常。此种处理方法可以清洗内存插槽触点上的氧化物和灰尘,同时适用在 PCI,AGP,PCI-E 等插槽,清洗后用吹风机吹干即可,一般可以解决问题。

【故障现象3】　原来工作一直正常的机器数日没有工作,再开机则不能启动系统。

【分析处理】　开机检查电源工作正常,检查主板上各插接元件并重新插接处理,计算机仍不能恢复正常。发现该机工作环境不能达到计算机的工作要求,潮湿、而且灰尘大。因此,卸下主板用毛刷除去灰尘,再用吹风机除潮,经处理系统恢复正常。

【故障现象4】　开机电源风扇工作正常,屏幕没有任何反应。

【分析处理】　使用主板故障诊断卡测试显示电源正常,但是一直处在复位状态。主板CPU供电部分的CMOS管没有发热,检查CPU也没有发热现象,说明CPU根本没有工作。进一步检查,CPU等均是好的,怀疑是主板供电部分的CMOS调整管烧坏。该主板没有过质保期,送回维修部更换CMOS调整管后恢复正常。

做一做

JISUANJI ZUZHUANG
YU WEIHU
ZUOYIZUO

主板维护及常见的故障处理

引起故障的元件		故障现象	故障处理方法	结　论
主板电源插座	电源插座接触不良			
	电源插座脱焊			
	电源插座插接不当			
扩展插槽、接口接触不良或损坏				
电压转换器				
跳线错误				
CMOS故障				
BIOS及芯片				
主板电路与元器件				

五、计算机常见典型故障检修

1.了解计算机系统启动过程

①开机,系统加电。

②BIOS自检表象:显示器上依次显示显卡信息(如果为非内置),主板Logo,主机详细的硬件配置信息(IDE设备、中断资源分配信息等)。

③BIOS读取主引导记录MBR(固定地址),MBR读取DPT(分区表)。

④在 MBR 中寻找第一个被标识为活动的分区(系统卷)。

注意:BISO 中的引导信息和 MBR 中的内容都是在安装操作系统时进行的。

⑤搜寻分区内的启动管理器文件 BOOTMGR。

⑥在 BOOTMGR 被找到后,控制权就交给了 BOOTMGR。

⑦BOOTMGR 读取 BCD 文件(BCD = Boot Configuration Data,也就是"启动配置数据",简单地说,Windwows7 下的 bcd 文件就相当于 XP 下的 boot.ini 文件),如果存在着多个操作系统并且选择操作系统的等待时间不为 0 的话,这时就会在显示器上显示操作系统的选择界面。在选择启动 Windows 7 后,BOOTMGR 就会去启动盘寻找 windows\system32\winload.exe,然后通过 winload.exe 加载 Windows 7 内核,从而启动整个 Windows 7 系统。

相关知识 JISUANJI ZUZHUANG YU WEIHU XIANGGUANZHISHI

BIOS 中 POST 上电自检程序在自检时,将根据系统各硬件产生的错误通过 PC 喇叭给出相应的报警声提示,如果熟悉不同 BIOS 版本给出定位故障的报警声含义,就能快速准确地确定故障所在部位。 例如常用的 Award BIOS 其报警声含义如下:

- 长声不断:内存未插紧或损坏。
- 1 短:系统正常启动。
- 2 短:CMOS 设置错误。
- 1 长 1 短:内存或主板出错。
- 1 长 2 短:显示器或显示卡错误。
- 1 长 3 短:键盘控制器错误。
- 1 长 9 短:主板 BIOS 的 Flash ROM 或 EPROM 错。

2.系统不能启动故障

系统不能启动的故障涉及主机系统、显示子系统,磁盘子系统,包括电源、主板、BIOS、CPU、内存、显示卡、显示器等部件。对于没有什么检修经验的初学者来说,先要熟悉各类故障产生的原因,然后观察分析故障现象表现所存在的细微差异,从而培养快速确定故障部位的能力。

【故障现象】 加电后,系统不能启动,显示器无显示——"黑屏"。

【故障原因分析】

①主机电源无输出,输出电压过低,无"PG"信号或负荷过重等;

②显示卡插接不良或损坏;

③内存条插接不良或损坏;

④CPU 插接不良或损坏;

⑤BIOS 程序或芯片损坏；

⑥主板电路、芯片组等有故障。

3.确定故障所在部位

①加电后应首先观察机箱面板电源指示灯有无显示,电源散热风扇是否转动。如果正常,下一步则检查一下交流电源插座是否有电、是否有松动或没有接好。如果均正常,则可判断主机电源损坏,无输出电压。由于电源涉及人身和设备安全,对非专业维修人员来说一般不主张拆机维修,应更换新电源。

②加电后电源指示灯显示正常,用万用电表测试电源"PG"信号输出端电压是否为5 V,如果为0~2 V,则表明电源中"PG"信号相关电路有故障。如果"PG"信号为4 V以下,则应检查主板相关电路是否有故障。方法是用万用表检测主板"PG"信号输入端的对地电阻值,并与同类型正常主板该电阻值比较判断。如果正常,则更换电源;如果不正常,则判断主板"PG"相关电路损坏,需检修。

③加电后主机有较长的"嘟、嘟"报警声,则表明上电 POST 程序检测到内存条有故障,可能是插接不良或损坏。处理时可先用手触摸内存芯片是否有个别异常发热现象,如是,则要更换内存条;如不是,则对内存条作清除污垢处理,并重新插接。

④加电后 POST 检测硬盘、软驱、键盘等设备,其指示灯有闪亮显示其工作正常。但检测到显示子系统时,根据显示器品牌不同,采用绿色电源指示灯的,闪烁显示;采用双色电源指示灯的,黄灯显示,并有一长二短有规律的"嘟、嘟"报警声。上述故障现象表明显示卡与扩展插槽插接不良,或显示卡损坏;如果显示器电源指示器不闪烁,则可能是显示器电缆线插头未插接好。可参照③中介绍的方法对显示卡做出相应的处理。如果长期使用的扩展插槽脏污、锈蚀或簧片弹性不足引起显示卡接触不良,可直观检查发现,并做相应的处理。

⑤加电后硬盘指示灯一直显示不灭,显示画面停留在检查硬盘那里,一般是硬盘数据线接触不良或硬盘损坏,此时更换硬盘或将硬盘断开,此部检查将很快通过。

⑥自检完成后显示 NTLDR 错误,一般是硬盘分区表损坏或硬盘没有指定活动分区,也有可能是没有安装操作系统或操作系统引导程序损坏。

⑦操作系统启动过程当中蓝屏死机,这个问题比较复杂。操作系统损坏,硬盘有坏道,内存有坏区,主板或 CPU 有故障都有可能造成这个故障。一般是先重新安装操作系统,如果安装正常,启动几次计算机后问题同样存在,就是硬盘有坏道。如果是操作系统损坏,重新安装操作系统就会恢复正常。如果重新安装操作系统过程中就出现蓝屏死机,就需要检查内存、主板、CPU 独立的显卡网卡等配件,一般采用替换法,或把这些配件拿到其他计算机测试,以确定故障部件。

做一做

计算机系统不能启动故障

引起的故障现象	原因分析故障	确定故障所在部位	处理故障的方法	结　论

相关知识

系统不能启动故障实例

【故障现象】　开机后机箱面板电源指示灯显示正常，但键盘、硬盘、软驱、光驱指示灯无自检显示反应，无报警声，显示器黑屏。

【分析处理】　由故障现象可以判定主机电源供电基本正常，但 POST 未能启动，应主要检查主机系统，重点是主板、CPU。

由于故障机不自检黑屏，无法获得相关提示信息，于是采用"最小系统法"检查处理。拔去与主机相连的所有设备，只保留主板、CPU。开机前先做清洁除垢工作，检查 BIOS 芯片等的插接情况，并重新安装 CPU。开机后 PC 喇叭仍无自检到，比如内存时的"嘟、嘟"报警声，因此进一步使用万用表检测电源"PG"信号，其电压为 5 V 正常值。为确定主板是否损坏，从机箱中卸下主板放置于平整的桌面上，重新通电测试，主机恢复自检，有"嘟、嘟"报警声了。进一步检查机箱，发现机箱复位按钮按下后卡住，计算机一直处在复位状态。更换机箱复位按钮，重新组装整机，系统恢复正常。

注意：机箱的电源按钮如果损坏，会出现按下开不起机的情况；还会出现能开机，但是几秒钟后又被关断电源的情况。

NO.4

[任务四]

维护计算机软件系统的方法 1
——Ghost

通过本任务的学习,要求你:

* 掌握 Ghost 的基本操作;
* 学会使用 Ghost 备份和还原系统;

在使用计算机过程中,难免因垃圾文件过多,系统进行越来越慢、频繁出错或死机等,而重新安装操作系统。虽然安装 Windows 操作系统并不需要很多时间,但是想要将系统恢复到以前使用的习惯状态却不是一件容易的事,如安装驱动程序、安装各种软件、调整系统设置等。为了摆脱安装系统的复杂过程,可使用 Ghost 软件工具对系统备份和还原。

一、Ghost 简介和运行环境

Ghost 是美国赛门铁克公司推出的一款出色的硬盘备份还原工具,能备份和还原整个硬盘或所选分区,俗称克隆软件。

Ghost 中涉及的英文含义如下表所示。

Ghost 中涉及的英文含义

英　文	含　义	英　文	含　义
Disk	硬盘	To Image	备份分区到映像
Partition	硬盘分区	Forn Image	从映像恢复到分区
Local	本地	No	不压缩
Check	硬盘检查	Fast	较快速压缩
Image	映像	Hihg	最大压缩比压缩,但备份速度最慢
Option	选项	Quit	退出
Continre	继续	Reset Computer	重新启动计算机
To Partition	备份分区到另一分区		

二、Ghost 的功能

1.分区备份

使用 Ghost 复制备份,有备份整个硬盘(Disk)和硬盘分区(Partition)两种备份方式。在"Local"(本地)子菜单中,"Disk"表示整个硬盘备份(也就是克隆),"Partition"表示单个硬盘分区。分区备份作为个人用户来保存系统数据,特别是恢复和复制系统分区时具有实用价值。

2.分区还原

如果硬盘中备份的分区数据受到损坏,用一般磁盘数据修复方法不能修复,或者系统被破坏后不能启动,都可以用备份的数据进行完全的复原,无需重新安装程序或系统。当然,也可以将备份还原到另一个硬盘上。

恢复还原时要注意的是,硬盘分区的备份还原是要将原来的分区一成不变地还原出来,包括分区的类型、数据的空间排列等。建议使用 Ghost Explorer 程序在 Windows 系统中进行分区还原操作,因为 Ghost Explorer 提供了非常方便的对备份文件的管理和恢复操作。

3.硬盘克隆

Ghost 提供了硬盘备份功能,就是将整个硬盘的数据备份成一个文件保存在硬盘上,然后就可以随时还原到其他硬盘或源硬盘上。这对安装多个系统硬盘很方便。使用方法与分区备份相似。

Ghost 还提供了硬盘对硬盘的克隆,选择菜单"Local"→"Disk"→"To Disk",在弹出的窗口中选择源硬盘,然后选择要复制到的目标硬盘。选择"Yes"按钮开设执行。Ghost 能将目标硬盘复制得与源硬盘一样,实现分区、格式化、复制系统及文件一步完成。

4.网络硬盘克隆

Ghost 的最大改进就是在一对一的克隆方式上增加了一对多的方式,即通过 TCP/IP 网络协议同时从一台计算机上克隆多台计算机的硬盘系统,并可以选择交互或批处理方式,这可以方便地安装大量新计算机的操作员,或对众多计算机进行系统升级。

三、Ghost 的使用

1.备份操作系统

操作系统安装完成后,是系统最干净、状态最好的时候。这时做一个操作系统的备份,以便操作系统出现问题后能及时恢复,这比重新安装系统更方便、更省时。以下是 Ghost 软件备份操作系统的操作步骤。

在使用 Ghost 备份系统前,先在网上下载带 Ghost 软件的系统启动程序并制作成 U 盘启动盘,然后用 U 盘启动计算机并运行 Ghost 软件。

备份的操作步骤如下:

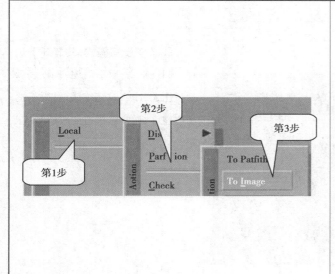

①选择菜单 Local(本机)→Partition(分区)→From Image(镜像)。

Ghost 操作界面,常用的 3 个选项:

● To Partition:将一个分区(称源分区)直接复制到另一个分区(目标分区),目标分区的空间不能小于源分区的空间。

● To Image:将一个分区备份为一个镜像文件,存放镜像文件的分区不能比源分区空间小,最好是比源分区空间大。

● From Image:从镜像文件中恢复分区。

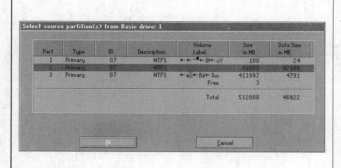

②选择要备份的分区,通常是选择 C 盘,也就是系统盘,选定分区后单击"OK"按钮。

③选择备份文件存放位置并设置备份文件名字,然后单击"Save"按钮。

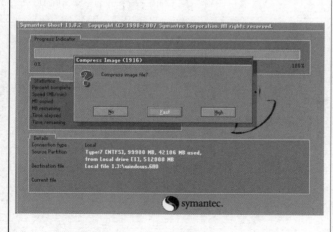

④选择压缩模式,共有 3 个选项,选择 No 表示不压缩;Fast 表示适量压缩;High 高压缩表示,限于适用与速度,通常选择适量压缩 Fast。

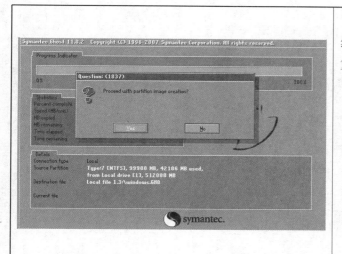

⑤按左右方向键,选定"Yes",然后,Ghost 开始备份。备份完成后重新启动计算机即可。

2.恢复备份的操作系统

如果操作系统变慢,优化不起作用,或计算机中病毒,以及系统被破坏后不能启动,我们就需要通过 Ghost 来恢复备份的操作系统。具体操作步骤如下:

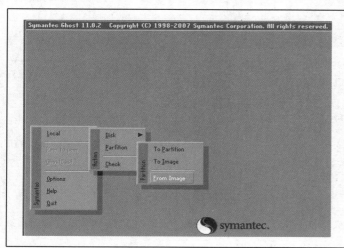

①进入 GhostT 操作界面后,选择菜单到"Local"(本机)→"Partition"(分区)→"From Image"(镜像)。

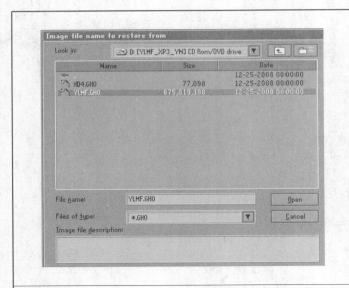

②选择需要还原的镜像文件是 YLMF.gho。

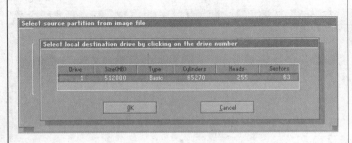

③显示硬盘信息，不需要设置直接单击"OK"按钮。

④选择还原系统所在分区。

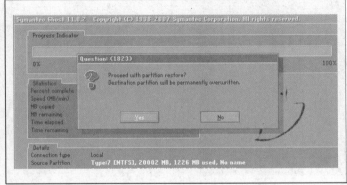

⑤弹出防止误操作再次提醒窗口，单击"Yes"按钮，开始恢复程序。完成系统恢复后，单击"Reset Computer"按钮重启计算机。

［任务五］

维护计算机软件系统的方法 2
——注册表保护与备份

通过本任务的学习,要求你:

• 明确注册表的结构和显示方式;

• 学会编辑和管理注册表;

• 学会设置个性化注册表技巧。

当一名新生入学的时候,首先要办理报到手续,然后到具体的班级,从此就成了某一级某一班的学生,学校也会将学生的基本信息录入到"学生管理系统"中。同样,在庞大的 Windows 操作系统中,也需要类似的管理系统来管理系统中使用软件、硬件、各项配置和计算机运行的各种动态信息,这类系统就是我们常说的 Windows 注册表。

注册表(Regestry)是 Windows 系统的核心数据库,它包含着系统的所有应用程序和软硬件的相关信息,其中存放的各种参数,直接控制着 Windows 的启动、硬件驱动程序的装载以及一些 Windows 应用程序的运行,在整个系统中起着核心作用,它包括以下信息:

• 软硬件的有关配置和状态信息,应用程序和资源管理器外壳的初始条件、首选项和卸载数据。

• 联网计算机整个系统的设置,文件扩展名与应用程序的关联,硬件部分的描述、状态和属性。

• 性能记录和其他低层的系统状态信息以及其他数据。

从用户的角度看,注册表系统由注册表数据库和注册表编辑器两部分组成。

一、注册表的基本结构

Windows 操作系统采用树状结构组织注册表,Windows 各个版本的注册表管理器基本相似,下面以 Windows 的 Regedit 管理器为例,分析注册表的组织结构。

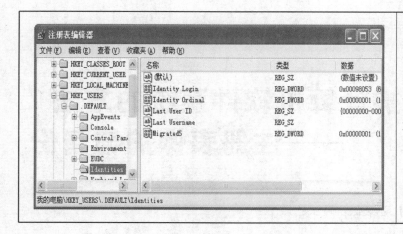

在"开始"菜单中打开"运行"项，输入"regedit"，按"Enter"键即可打开注册表编辑器，如左图所示。

注册表的数据结构主要包括注册表的显示方式、主键与子键、键值项数据的类型。

二、注册表显示方式

Windows 系统中，注册表采用"关键字"和"键值"描述登录项及其数据，所有的关键字都以"HKEY"作为前缀。关键字分为两类：一类是由系统定义的，称为"预定义关键字"；另一类是由应用程序定义的，安装的应用软件不同，其登录项也就不同。

注册编辑器中的键可以分为 3 类：

● 根键：注册表中有 5 个根键（主键），位于注册表层次结构的顶端。例如：HKEY-USERS 就是根键。

● 主键：在注册表中，主键相当于包含子键的文件夹。

● 子键：子键是定义除根键外所有键的术语。两个键之间的父子关系很重要时，把父键叫作主键，另一个称为主键的子键。

如果说注册表编辑器中的根键是磁盘盘符，那么子键就是文件夹。实际子键有很多特性与文件夹相同，如可以嵌套。每个键都有相应的属性，就是所谓的键值。

在键值区，有上图所示 3 列，其含义如下：

● 名称：每一个值有一个名称，名称在第 1 列。

● 数据类型：第 2 列中值的类型表示值的数据类型，包括二进制、DWORD 和字符串 3 种。

● 数据：第 3 列是每一个值包含的数据。

如果这个键包含子键，则在注册表编辑器的左边出现一个"+"号，用来表示在这个文件夹内还有其他内容。如果打开这个文件夹，"+"号就变为"-"号，与使用资源管理器的方法相同。

三、注册表的结构分析

Windows 注册表保存着系统和大型软件正常运行所需的绝大部分信息，每次启动时,根据上次关机时创建的一系列信息文件,Windows 系统将重新创建注册表。所以注册表作为计算机的数据交换中心,为了避免盲目地修改注册表,必须了解注册表的结构及其根键、子键的含义。

Windows 注册表一般由 5 个部分构成。

1.HKEY_CLASSES_ROOT

HKEY_CLASSES_ROOT 根键,保存操作系统所有的关联数据,类型标志以及鼠标右键的常规和扩展功能数据等。HKEY_CLASSES_ROOT 主键与当前注册用户有关,它是 HKEY_CURRENT_USER \ Software \ Classes 和 HKEY_LOCAL_MACHINE \ Software \ Classes 的交集。如果两者发生冲突,前者优先。更改 HKEY_CLASSES_ROOT 或者 HKEY_CURRENT_USER \ Software \ Classers 中一任何一部分内容,系统都会自动对整个注册表相应的部分进行改动。

2.HKEY_CURRENT_USER

HKEY_CURRENT_USER 根键中包含了当前登录的用户信息,包括用户登录用户名、各种个性化的设置。其和 HKEY_USER 内容基本相同,修改一方:另一方也将自动改变。

3.HKEY_LOCAL_MACHINE

HKEY_LOCAL_MACHINE 根键下包含了系统绝大多数应用软件的配置信息,这些设置与当前登录的用户无关。HKEY_LOCAL_MACHINE 根键下共有 5 个子键,5 个子键中,HARDWARE 保存了计算机的所有硬件信息,SOFTWARE 下保存几乎所有的软件配置信息,ASYSTEM 下保存当前的系统信息,这 3 项内容都可以由用户修改和设置。对于 ASM 子键和 SECURITY 子键,由于它们保存的是系统安全信息,主要由 Active Directory 用户管理器进行管理,因此不能随便对它们进行修改或者设置。

4.HKEY_USERS

HKEY_USERS 根键下保存默认用户(DEFAULT)、当前登录用户与软件(Software)的信息,其中最重要的是 DEFAULT 子键。DEFAULT 子键的配置针对新建用户,系统创建新用户时,首先读取 DEFAULT 子键下的内容,然后创建用户的专用配置信息,该配置文件包括环境、屏幕、声音等多种信息。

5.HKEY_CURRENT_CONFIG

HKEY_CURRENT_CONFIG 根键下保存系统的当前硬件配置信息。如果 Windows

系统中设置了两套或者两套以上的硬件文件,则系统启动时会让用户选择使用哪套配置文件。

● Software 子键下列出一些特殊硬件专用的软件和字体,在通常情况下很少出现。

● System 子键包括当前配置文件的专用设置,它下载的 CurrentControlSet 包括 Cntrol、Enrm、Services3 个分支。

Control 子键包含控制面板中所激活的各项设置和硬件设备之间的差异,同时还有 Class 子键(列出了控制面板所使用的图标)和 Print 子键(列出了控制面板所安装的打印机设置)。

Enum 子键下列出了涉及硬件设置文件许可的其他总线信息。

Services 子键的具体内容和安装的硬件有关,根据不同硬件配置文件,Services 子键显示已装载驱动程序的所有差异。

可用设备发生变化时,硬件配置文件指示 Windows 加载正确的驱动程序,使用硬件配置文件,可以在启动 Windows 时选择适当的配置环境。另外,使用硬件配置文件,也可以将系统恢复到最初安装 Windows 时的系统环境。

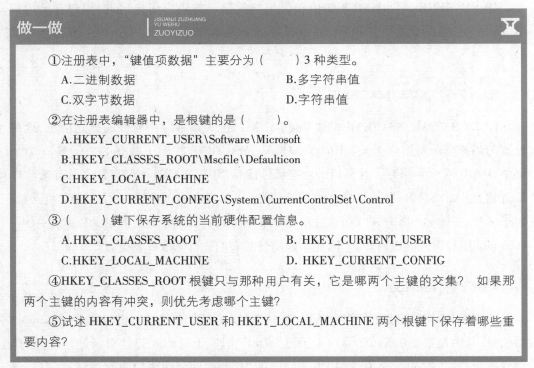

做一做　JISUANJI ZUZHUANG YU WEIHU ZUOYIZUO

① 注册表中,"键值项数据"主要分为(　　　)3 种类型。
   A.二进制数据　　　　　　　　　　　　　B.多字符串值
   C.双字节数据　　　　　　　　　　　　　D.字符串值
② 在注册表编辑器中,是根键的是(　　　)。
   A.HKEY_CURRENT_USER\Software\Microsoft
   B.HKEY_CLASSES_ROOT\Mscfile\Defaulticon
   C.HKEY_LOCAL_MACHINE
   D.HKEY_CURRENT_CONFEG\System\CurrentControlSet\Control
③ (　　　)键下保存系统的当前硬件配置信息。
   A.HKEY_CLASSES_ROOT　　　　　　　B. HKEY_CURRENT_USER
   C.HKEY_LOCAL_MACHINE　　　　　　D. HKEY_CURRENT_CONFIG
④ HKEY_CLASSES_ROOT 根键只与那种用户有关,它是哪两个主键的交集?　如果那两个主键的内容有冲突,则优先考虑哪个主键?
⑤ 试述 HKEY_CURRENT_USER 和 HKEY_LOCAL_MACHINE 两个根键下保存着哪些重要内容?

四、注册表的编辑和管理

注册表编辑不当,可能会严重损坏操作系统。所以更改注册表之前,应备份计算机上任何有价值的数据。

编辑键值主要包括查找、更改、添加、删除和重命名键值。

使用注册表编辑器 Regedit,操作步骤如下:

1.打开 regedit 编辑器

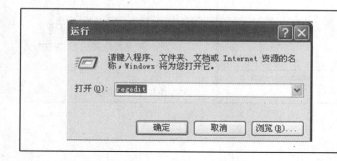

单击"开始"→"运行"命令项,在弹出的对话框中输入"regedit",如左图所示,单击"确定"按钮,打开注册表编辑窗口。

2.查找键值

注册表提供的搜索功能,使 Windows 用户管理和编辑注册表很方便,下面以查找"3721"为例,介绍注册表找键值的操作步骤。

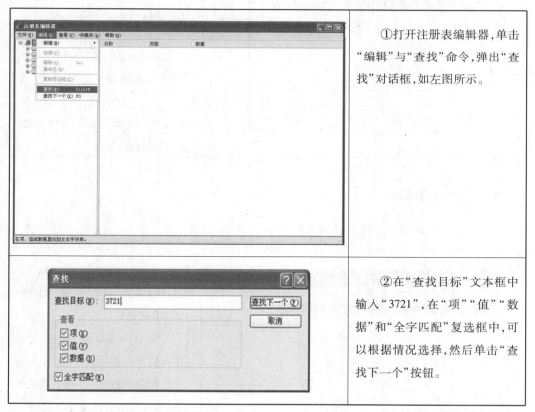

①打开注册表编辑器,单击"编辑"与"查找"命令,弹出"查找"对话框,如左图所示。

②在"查找目标"文本框中输入"3721",在"项""值""数据"和"全字匹配"复选框中,可以根据情况选择,然后单击"查找下一个"按钮。

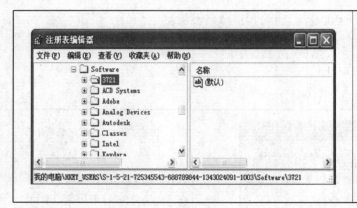

③光标就定在查找的第一匹配值上,如左图所示。

如果不是要查找的键值,就单击"编辑","查找下一个"命令,继续搜索下一个匹配值。

弹出"查找"对话框的快捷键是"Ctrl+F";继续搜索下一个匹配值的快捷键是"F3"。

3.更改键值

修改键值是最常用的操作,如把数值名称为"Opened"的值,由"1"改为"3",操作步骤如下:

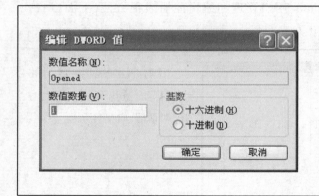

①选择"Opened"(要更改的键值),单击"编辑"→"修改"命令,弹出修改数据的对话框,如左图所示。

②把"数值数据"文本编辑框中的"1"改为"3"(新数据),然后单击"确定"按钮。

直接双击要更改键值的名称,也会弹出修改数据的对话框。

4.添加子键或数值

注册表可以添加任意的子键或数值,操作步骤如下:

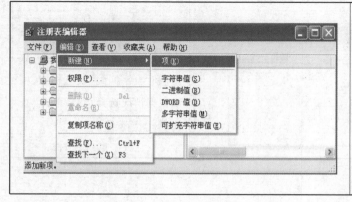

①单击要添加子键或数值的键,如 HKEY_LOCAL_MACHINE\HARDWARE。

②在"编辑"→"新建"的子菜单选择具体的命令,如左图所示。然后为添加的子键或数值命令,也可右击快捷菜单来添加子键或数值。

5.删除子键或数值

单击要删除的子键或数值,单击"编辑"→"删除"菜单项。

6.重命名子键或数值

用户可以重命名注册表中的子键或数值,具体步骤如下:

①单击要重命名的子键或数值,如:HKEY_CURRENT_USER\Console。

②单击"编辑"菜单,或直接右击要重命名的子键或数值,然后单击"重命名"菜单项,此时选中的子键或数值的名称反显。

③直接输入新的子键或数值的名称即可。

友情提示　JISUANJI ZUZHUANG YU WEIHU YOUQINGTISHI

不能更改根键的名称或删除根键。

五、注册表的导入或导出

1.导出注册表

用户可以将注册表中的全部或部分键值,导出到某个文件中,用户可用这种方法备份注册表。

具体操作步骤如下:

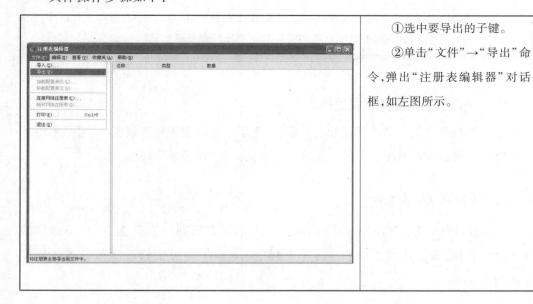

①选中要导出的子键。

②单击"文件"→"导出"命令,弹出"注册表编辑器"对话框,如左图所示。

③在"导出范围"中,选择"全部"或是"所选分支"。缺省情况下为"所选分支",如果想导出全部的注册表,则选择"全部"。

④在"保存类型"中选择一种文件类型,建议使用默认的注册表类型。

⑤输入要保存的文件名,单击"保存"按钮,完成操作。

2.导入注册表

用户可以将过去导出的注册表文件导入注册表中,具体操作步骤如下:

①单击"文件"→"导入"命令,弹出"导入注册表文件"对话框。

②查找要导入的注册表文件,单击"打开"按钮,完成导入操作。如果导入文件的扩展名为.reg,双击该文件则直接将该文件导入注册表中。

①打开注册表,在 HKEY_LOCAL_MACHINE\SOFTWARE\Microsoft 键下,新建一个名为 "cq" 的子键,关闭注册表。 再打开注册表,利用查找功能,找到新建的子键 "cq" 并删掉。

②在 Windows 7 下,打开注册表编辑器,为 HKEY_LOCAL_MACHINE 根键添加一个用户,其权限设置为:除不能创建子项和删除外其他的操作都允许。

六、常见个性化注册表设置技巧

注册表的设置是一个非常复杂的工程,要想手工对注册表进行设置,几乎是不可能的事情。但我们应熟悉注册表的一些常见设置,体会注册表的作用。

1.注册表修改快速生效

修改好注册表后,要使修改生效,只有重新启动计算机。实际上,用户不必每次都重启计算机,只需运行 Windows 的外壳程序 Explorer 即可使修改生效。具体操作步骤如下:

①修改好注册表并关闭注册表编辑器后。按下"Crtl+Alt+Del"组合键，打开"任务管理器"对话框，如左图所示。

②单击"进程"选项卡，找到并选中"Explorer.exe"，单击右下方的"结束进程"按钮，在打开的警告对话框中单击"是"按钮，如左图所示。

③单击"应用程序"选项卡，再单击右下方的"新任务"按钮，在打开的"创建新任务"对话框中输入"explorer"，单击"确定"按钮，即可在不重新启动的情况下使注册表修改生效。

2.锁住计算机

计算机中的信息相对某些人而言,肯定有保密的成分,那么,控制一些操作,就可以起到保护计算机的作用。

● 锁住[开始]菜单:在注册表编辑器中打开 HKEY_CURRENT_USER\Software\Microsoft\Windows\CurrentVersion\Polici es\Explorer 子键,在右侧窗口中新建一个名为"NoChangStartMenu"的双字节值,并将其值设为"1"。

● 锁住[我的电脑]:在注册表编辑器中,打开 HKEY_CLASSES_ROOT\CLSID\ {20D04FE0－3AEA－1069－A2D8－08002B30309D}\InProcServer32 子键,将右侧窗口[默认]项的数据"shell32.ll"改为"shell32.dll－"。

● 锁住光盘驱动器:在注册表编辑器中,打开 HKEY_LOCAL_MACHINE\Software\Microsoft\windows NT\CurrentVersion\winlogon 子键,在右侧窗口中新建一名为"AllocateCDRoms"的字符串值,并设值为"1"。

修改完这几项,关闭注册表编辑器,重新启动计算机,锁住计算机的要求就基本实现了。

3.提高 Windows 的响应速度

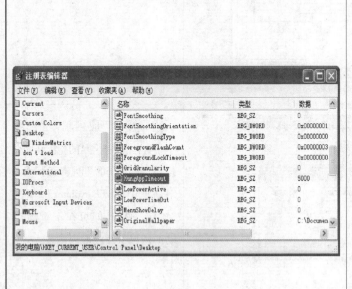

打开 HKEY_CURRENT_USER\Control Panel\Desktop 子键,在右边窗口中找到 HungAppTimeout,如左图所示。HungAppTimeout 的值表示系统要求用户手工结束被挂起任务的时间极限,默认值为 5 000,减少该值可以降低系统的响应延迟,可以将其值设为 1 000。如果系统的速度本来很慢,其值太小可能使系统误认为正在运行的软件已经被挂起,如出现这种情况,应逐步增大 HungApp-Timeout 的值。

4.任意定制按钮颜色

Windows 本身拥有多种窗口显示方案,但用户想定制一局部的颜色,就需修改注册表。

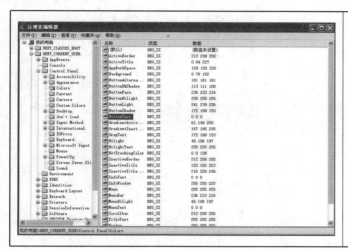

如将按钮文字的颜色由黑色改为红色,则需在注册表中找到 HKEY_CURRENT_USER \ Control \ Colors 子键,如左图所示。双击右边的 Button Text,将值修改为红色 (255 0 0),重新启动计算机即可。

NO.6

[任务六]

维护计算机软件系统的方法 3
——保护和修复 IE 浏览器

通过本任务的学习,要求你:

• 知道保护 IE 浏览器的工具;

• 明确保护 IE 浏览器的方法。

在使用计算机上网查询、浏览等,带很多方便,但如今的互联网上陷阱越来越多,一不小心就可能深陷其中,作为最流行的浏览器软件,IE 也成为互联网陷阱做手脚的一部分。一些恶意网站、免费或者共享软件、垃圾邮件为了宣传自己或者其他目的,以诱人图片或点击后有奖为诱饵,欺骗用户点击网页上隐藏的恶意程序,从而修改你的注册表,把你的 IE 篡改得面目全非。

它们经常强行篡改你的 IE 首页、标题栏等内容,或者将它们的链接强行添加到历史浏览记录中而且无法删除,甚至使相关按钮变灰,使你无法修复。目前这种恶意篡改

IE 之风愈演愈烈,轻则逼迫用户访问他们不想访问的网站,重则在系统中驻留木马等恶意程序,造成系统运行缓慢,其危害程度已超过一般的病毒和黑客行为。

　　本任务将搜集整理系列技巧,帮助用户更好对 IE 进行防护,避免被恶意篡改,同时也提供了系列 IE 被 IE 篡改后的恢复工具和技巧,帮助用户拥有一个健康、清洁的 IE。

一、保护 IE 浏览器的工具

①开启 Windows 安全中心,设置系统的防火墙实施保护 IE 浏览器。

②使用 360 安全卫士中的 IE 保护模块实施保护,如左图所示。

③使用杀毒软件实施保护 IE。

④修改 Windows 系统的注册表,禁止通过 IE 浏览器修改注册表。

二、保护 IE 浏览的方法

①正确设置 Windows 系统的安全中心及防火墙。

②及时升级 Windows IE 补丁、杀毒软件。

③禁止通过 IE 修改你的注册表。

④正确使用 IE 设定安全级别。

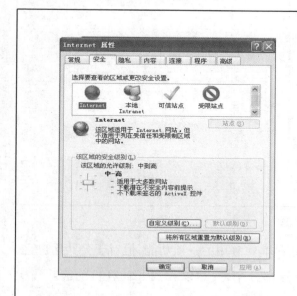

在 IE 窗口中选择"工具"→"Internet 选项"命令,打开"Internet 属性"对话框,选择"安全"选项卡,如左图所示。简单地拖动滑块就能完成安全级别。

IE 的安全机制共分为高、中、中低、低 4 个级别,分别对应着不同的网络功能。高级是最安全的浏览方式,但功能最少,而且由于禁用 Cookies 可能造成某些需要进行验证的站点不能登录。中级是比较安全的浏览方式,能在下载潜在的不安全内容之前给出提示,同时屏蔽了 ActiveX 控件下载功能,适用于大多数站点。中低的浏览方式接近于中级,但在下载潜在的不安全内容之前不能给出提示,同时,大多数内容运行时都没有提示,适用于内部网络。低级别的安全机制不能屏蔽任何活动内容,大多数内容自动下载并运行,因此,它只能提供最小的安全防护措施。

⑤禁用自动完成功能。IE 的自动完成功能非常实用,可以让我们实现快速登录,快速填写的目的,但它的缺陷也同样明显。许多站点,在你进行登录时会自动搜索与读取你的历史操作以便获取用户信息,包括在地址栏中输入的历史地址,以及一些填过的表单信息。同时,那些经常在公用计算机上网,又不想让其他人知道自己的历史操作的用户,最好禁用 IE 的自动完成功能。

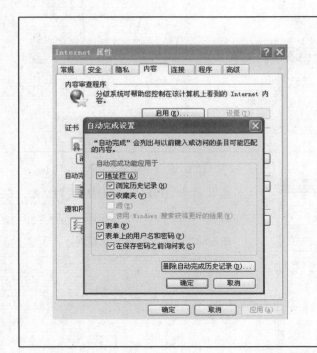

如左图所示去掉属性框的所有选项,设置禁用 IE 的自动完成功能。

⑥清除 IE 历史记录。"历史记录"也是非常有用的一项功能,但对于公共用户,极容易造成个人信息的泄露。因此,对于这部分用户,建议在离开计算机前清除历史记录。

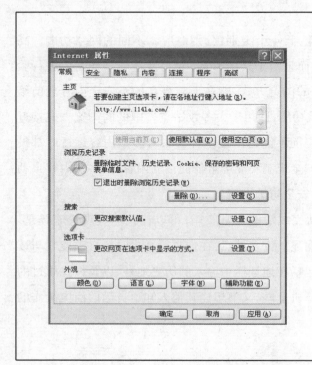

打开"Internet 属性"对话框,默认的显示内容为"常规"选项卡,如左图所示。单击"删除"按钮,即可删除浏览历史记录。也可勾选"退出时删除浏览历史记录"复选框,每次关闭 IE 则自动删除历史记录。

[任务七]

维护计算机软件系统的方法 4
—— 升级 BIOS

通过本任务的学习,要求你:

- 了解升级 BIOS 软件;
- 会使用升级 BIOS 软件。

为了充分发挥主板的性能,支持层出不穷的新硬件,并改正以前 BIOS 版本缺陷以及硬件产品更新的兼容等问题,厂家不断地推出新 BIOS 版本,利用专用的升级程序,改写主板 BIOS 的内容,这就是常说的 BIOS 升级。

一、BIOS 升级前的准备工作

BIOS 升级具有一定的危险性。如果处置不当,会损坏计算机。在升级 BIOS 之前,要做好以下准备工作。

①确定主板及 BIOS 的型号,采用的是 Flash ROM 芯片可以实现 BIOS 升级。

②获得 BIOS 升级文件及升级工具。升级 BIOS 需要获得 BIOS 升级程序以及一个专用擦写 BIOS 的工具软件。目前常见的 BIOS 类型有多种,不同类型 BIOS 的升级程序以及专用擦写 BIOS 工具软件是不同的。因此在升级 BIOS 前,需要确认主板使用的是何种 BIOS,然后寻找并获得相应的 BIOS 升级程序以及专用擦写 BIOS 工具软件。BIOS 升级文件可以在网上免费下载,主板厂商网站和有些计算机专业网站都会公布新版本的 BIOS 提供下载。BIOS 升级工具软件也可以在网上免费下载。

③备份 BIOS 原有文件。在升级之前一定要做好原 BIOS 文件的备份,以防万一升级失败,可以用备份文件恢复主板上的 BIOS。

④确定升级的方法。BIOS 升级方法有如下几种:

- 在 DOS 系统中运用通用工具软件进行升级。
- 在 BIOS 设置程序中进行升级(不是所有的主板都支持这种模式)。
- 在 Windows 系统中运用通用工具软件进行升级。
- 在 DOS 系统或 Windows 系统中利用厂商提供的专用工具软件升级。

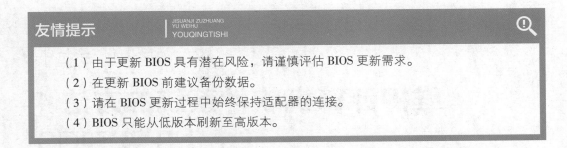

友情提示　JISUANJI ZUZHUANG YU WEIHU　YOUQINGTISHI

（1）由于更新 BIOS 具有潜在风险，请谨慎评估 BIOS 更新需求。

（2）在更新 BIOS 前建议备份数据。

（3）请在 BIOS 更新过程中始终保持适配器的连接。

（4）BIOS 只能从低版本刷新至高版本。

二、使用 Winflash 软件升级 BIOS

Winflash 是一款通用的免费工具软件，通过网络搜索即可下载。

（1）开启 Winflash 程序。

（2）确认网络连接正常和电源供应器已连接后，单击"下一步"按钮。

（3）有两种方式更新 BIOS(以华硕主板为例)。

方法 1：从网络取得 BIOS。

①选择"从网络取得 BIOS"。

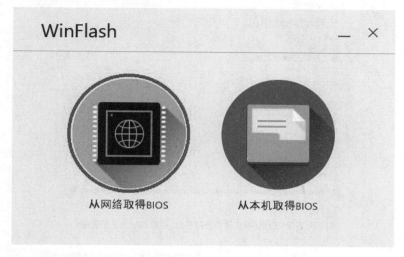

Winflash为用户提供两种方式取得BIOS文件。用户可点选"从网络取得BIOS"的图标通过网络取得新版BIOS文件；也可点击"从本机取得BIOS"的图标从本机端选取新版BIOS文件。当BIOS文件确认后即可进行BIOS更新。

②确认信息正确后，单机"更新"按钮。

③等待几分钟,直到 BIOS 更新完成。

④更新完成后,单击"退出"按钮。重启电脑后 BIOS 程序会继续更新,完成后会自动进入系统。

注意:更新 BIOS 时请勿关闭计算机!

方法 2:从本机取得 BIOS。

①进入华硕官网搜寻计算机的主板型号。

②下载最新版的 BIOS。

③选择"从本机取得 BIOS"。

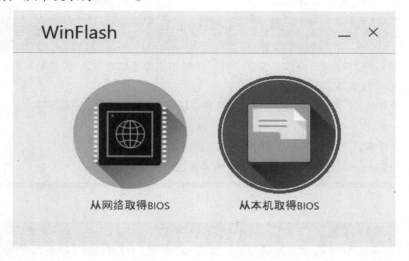

Winflash为用户提供两种方式取得BIOS文件。用户可点
选"从网络取得BIOS"的图标通过网络取得新版BIOS文件；
也可点击"从本机取得BIOS"的图标从本机端选取新版
BIOS文件。当BIOS文件确认后即可进行BIOS更新。

④选择下载好的 BIOS 文件。

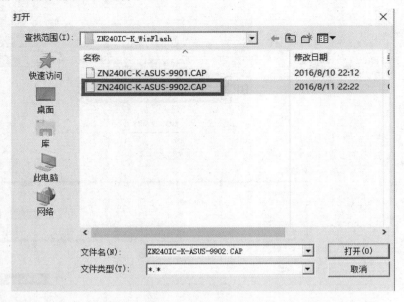

⑤确认信息后更新,后面的过程和第一种方式一样,就不再赘述。

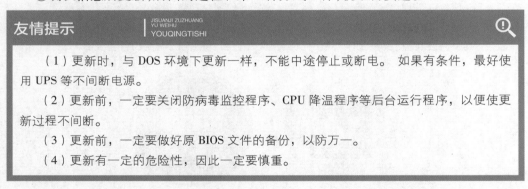

友情提示 JISUANJI ZUZHUANG YU WEIHU YOUQINGTISHI

（1）更新时，与 DOS 环境下更新一样，不能中途停止或断电。如果有条件，最好使用 UPS 等不间断电源。

（2）更新前，一定要关闭防病毒监控程序、CPU 降温程序等后台运行程序，以便使更新过程不间断。

（3）更新前，一定要做好原 BIOS 文件的备份，以防万一。

（4）更新有一定的危险性，因此一定要慎重。

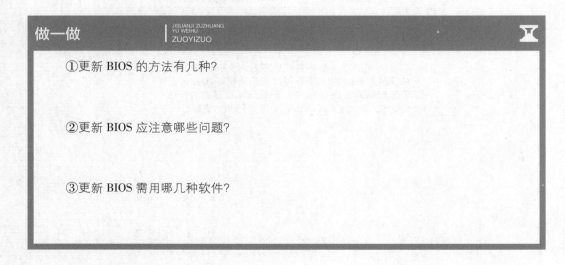

做一做 JISUANJI ZUZHUANG YU WEIHU ZUOYIZUO

①更新 BIOS 的方法有几种?

②更新 BIOS 应注意哪些问题?

③更新 BIOS 需用哪几种软件?

▶思考与练习

一、填空题

(1)计算机常见故障可分为_____和_____。

(2)故障处理的一般步骤是_____、_____和_____。

(3)在硬件故障中,最常见的故障是_____。

(4)造成软件故障的原因有可能是_____和_____。

(5)主板的故障检测方法有_____。

(6)导致死机的主要故障原因有_____。

(7)当计算机开机出现长鸣声,则是_____出现了故障。

(8)要快速确定计算机板卡故障,最常用的是_____方法。

(9)计算机电源最好采用_____式保险丝。

(10)防止静电危害硬件的方法是_____,放掉人体所带静电的方法是_____。

(11)在 Windows 系统中,打开[开始]菜单,单击_____命令可打开注册表编辑器。

(12)Windows 注册表编辑键值,主要包括_____、_____、_____、_____和重命名键值。

(13)Windows 中,打开"备份"对话框的命令是_____。

二、选择题

(1)在注册表中,弹出"查找"对话框的快捷键是(   );继续搜索下一个匹配值的快捷键是(   )。

　　A.Shift+F　　　　　　　　B.F5　　　　　　　　C.Ctrl+C

　　D.Ctrl+F　　　　　　　　E.F6　　　　　　　　F.F3

(2)编辑注册表时,(   )是最常用的操作。

　　A.添加子键或数值　　　　　　　　B.查找和修改键值

　　C.重命名键值　　　　　　　　　　D.删除子键或数值

三、简述题

(1)简述计算机故障产生的原因及各自特点。

(2)说明检修计算机应该遵循的原则。

(3)检修计算机要注意哪些事项?

(4)如何处理不明原因的故障机,以防故障扩大?

(5)试述计算机开机自检响铃的含义。

（6）说明系统不能启动的故障表现，并分析产生的原因。

（7）一台主机加电后无任何反应，应该如何进行检修？

（8）列举你所见过的系统不能正常启动的故障现象，并根据其表现的特点分析故障产生的原因及处理方式。

（9）根据你所遇到的死机故障现象，分析其可能产生的原因及检修方法。

（10）系统不能自动关机有哪些可能的原因？

（11）引起 CPU 故障的原因有哪些？如何防止或处理？

（12）如何判断 CPU 散热不良的故障？

（13）内存运行中有哪些方面的问题会引起系统故障？

（14）系统不能识别硬盘可能由哪些原因引起，如何处理硬盘这类故障？

（15）磁盘介质逻辑或物理损坏是旧硬盘或使用不当常见故障，应该如何正确处理这类故障？

（16）根据什么故障现象，可以判断显卡插接不良？为什么显卡插接不良与机箱质量差和安装不正确有关？

（17）显示器设置不当会产生哪些故障现象？

（18）主板常见故障有哪几类，引起主板故障的原因主要有哪些？

（19）如何处理硬盘 0 磁道损坏故障？

►上机实验

实验报告

计算机整机故障检修

班　级		姓　名		实验机型号		实验机号	
实验课题：							
实验目的：							
故障现象：							
故障可能产生的原因分析：							
故障可能涉及的部件(含软件故障)：							
故障分析处理过程：							
故障检修结论：							

分步检查故障流程记录表

待检测部件的名称	检修或检测步骤的顺序号	检测目的	所用检测方法	该步骤检测后的结论
检查出的故障实际情况:				
故障产生原因分析:				
故障处理情况:				
检修完成后质量检查情况:				
检修开始时间		检修完成时间		共计:　　小时
检修训练成绩		日期		

注:本表格用于计算机整机故障检修实验过程中,各个步骤检查记录报告。

计算机主要部件故障检修实验报告

检修的零部件名称:＿＿＿＿＿＿＿＿＿＿＿＿＿＿＿＿

检修或检测该部件步骤的顺序号	检测目的	所用检测方法	经本步骤检测后的结论
检查出的故障实际情况:			
故障产生原因分析:			
故障处理情况:			
检修完成后质量检查情况:			
检修开始时间		检修完成时间	共计:　　小时
检修训练成绩		日期	

故障现象:

注:本表格用于计算机主要部件故障检修实验中,检修过程记录报告。